K.K closet
穿春夏

時尚總監菊池京子陪妳穿搭每一天

Spring—Summer

04.01~09.30

Buona Giornata

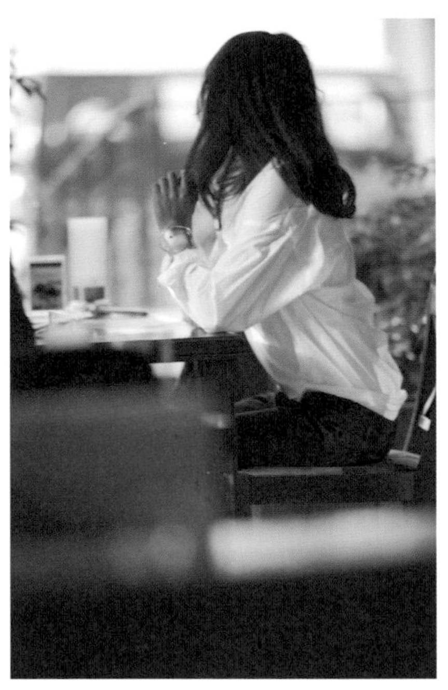

prologue

一年三百六十五天，妳都是怎麼度過的？
處於現實中？抑或悠遊於想像裡？
想的是去年的往事，還是未來的計畫？
幻想與眞實交錯、貼近現實的虛幻故事。
這本書要介紹的，便是類似這種感覺、充滿「假設」的一年。
這與平常在雜誌中頂著造型師頭銜向讀者們推薦：這件衣服如何？
這套搭配呢？感覺截然不同，
書中全是屬於我私人的、我與時尚的相處之道。
拿出來的每一件都是我的日常私服。
其中，有我超喜歡、經常穿的單品，
也有一年只穿一次的服裝。
偶爾，我也會覺得沮喪或疲倦，也有不想打扮的時候。
對於我、甚至許多人來說也是如此，
流行時尚總是陪伴我們共度喜怒哀樂，
它安慰我們，爲我們加油打氣，讓我們保持光鮮亮麗，
爲我們增添氣質，顯得乾淨清爽、優雅、樂觀、健康活力……
總是爲我們源源注入得以正面積極的勇氣，
是我們堅強、可信賴的夥伴。
首先登場的是四月到九月的春夏篇。
極私人的 K.K closet，
希望大家都喜歡。

Contents

6

april
4

4 / 01
～
4 / 30

Favorite Item:01
BOSTON BAG

Map 01:
Favorite Restaurant&Cafe
in Setagaya

26

may
5

5 / 01
～
5 / 31

Favorite Item:02
BORSALINO

Column 01:
Japanese
Sweets

46

june
6

6 / 01
～
6 / 30

Favorite Item:03
SAINT JAMES

Map 02:
Beauty Cruise

66

july
7

7 / 01
～
7 / 31

Favorite Item:04
SLEEVELESS

Column 02:
Italy

86

august
8

8 / 01
～
8 / 31

Favorite Item:05
MINI SKIRT

Column 03:
Aroma Oil

106

september
9

9 / 01
～
9 / 30

Favorite Item:06
BRACELETS

Map 03:
Favorite Shop
in Milano

·所有商品都是我的私人物品。除了一小部分，大多已經無法在市面上買到，敬請諒解並不再接受詢問。
·各款穿搭中出現的飾品及圍巾等的詳細資料請上「K.K closet」官網查詢。

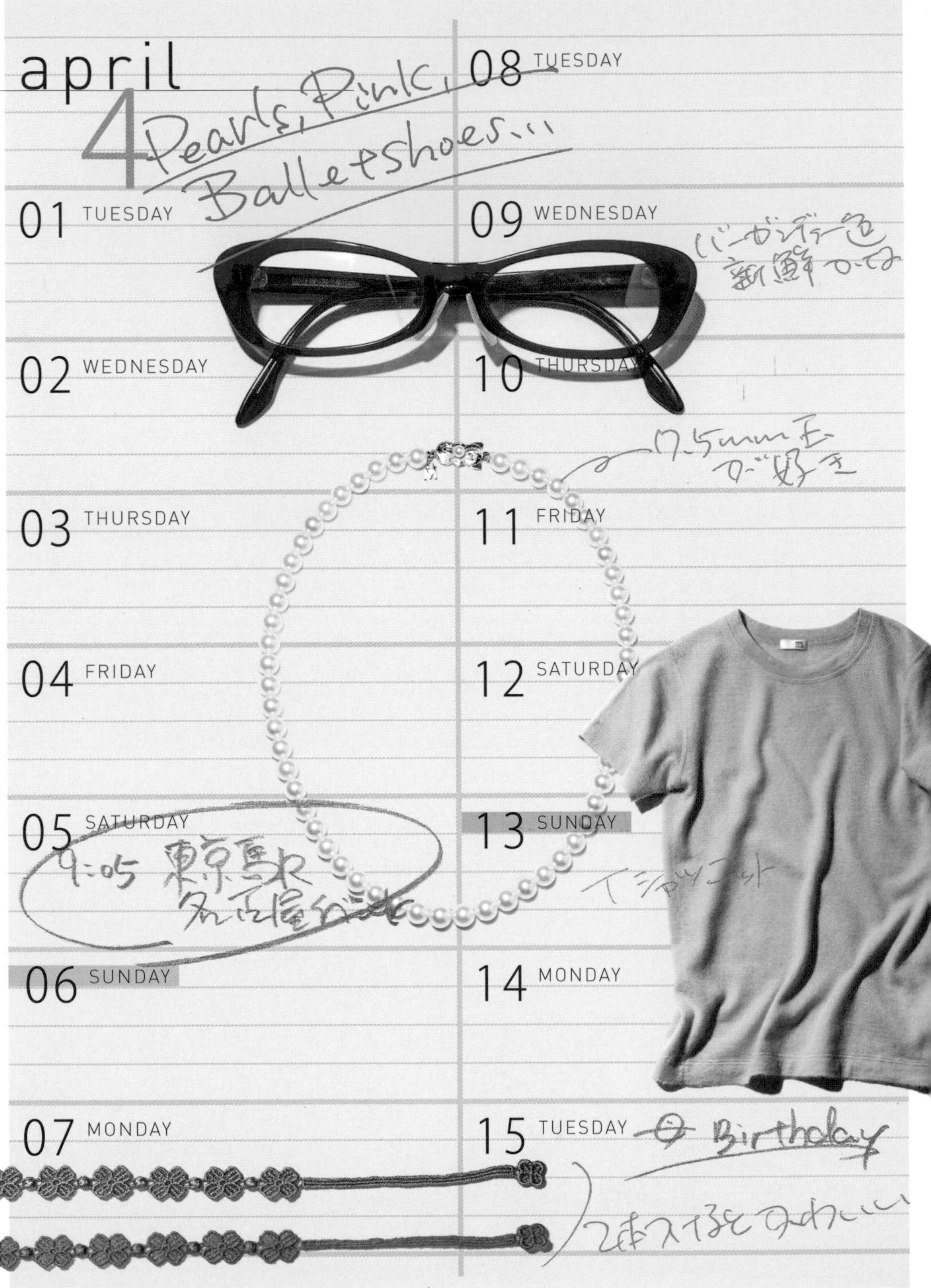

＊作者菊池京子 2014 年穿搭行事曆。

16 WEDNESDAY
パンツのゆるさがいい〜
17 THURSDAY
18 FRIDAY
19 SATURDAY
20 SUNDAY
13:00〜ピラティス
21 MONDAY
22 TUESDAY
やっぱバレエシューズが好き!
23 WEDNESDAY
24 THURSDAY
25 FRIDAY
26 SATURDAY
27 SUNDAY
28 MONDAY
29 TUESDAY
中目 20:00 打ち上げ
19:30 AKIRA
30 WEDNESDAY

4 ／ 01

新芽初長的春天。重生。
穿壞了又新買的 Repetto 芭蕾舞鞋，
以碧姬．芭杜爲靈感，五感全開，
朝遠方邁步而去。
心情眞好。
將這種情緒與大家分享正是我的工作，
所以每天都要過得簡單又開心。

cutsew:SAINT JAMES shirt:Bagutta
pants:Kiton shoes:Repetto
bag:Anya Hindmarch

4 ／ 02

將經典的穿搭稍加改變，肌膚馬上就能察覺這股全新的時尚氣味。
捨棄總是搭在風衣裡的白襯衫、換上休閒上衣；
下半身不再是強調女人味的九分褲，改搭服貼的深色丹寧褲。

trench coat:green trainer:AMERICAN RAG CIE
denim:FRAME shoes:Repetto
bag:Anya Hindmarch

4 ／ 03

這個月的雜誌工作是在 M 雜誌發表
以「藍色」爲主題的十二頁穿搭特輯。
既然是給成熟大人的穿搭建議，
似乎可以再大膽一點？
於是和 AD（藝術指導）F 約好
在表參道碰面，一起討論。

knit jacket:45R shirt:Gitman Brothers
pants:Kiton shoes:TOD'S
bag:L.L.Bean

4 ／ 04

一面持續進行著雜誌的工作內容，
還要做隔天演講活動腳本的最後確認，
好緊張喔……
雜誌的內容是夏季提案，
活動講的則是春季提案。
我得記得要轉換心情才行啊～

coat:MACKINTOSH knit:JIL SANDER
cutsew:SAINT JAMES skirt:CARVEN
shoes:Repetto bag:J&M Davidson

4 ／ 05

之前搭配白襯衫的休閒長裙，
改加上一件格紋襯衫，
整體風格截然不同！
腳上搭配的是我很愛穿的 Nike 球鞋。
球鞋在米蘭也正在流行中。

knit:ELFORBR shirt:Thomas Mason
skirt:fredy jacket:YANUK
shoes:NIKE bag:ANTEPRIMA

4 ／ 06

好久不曾這樣和讀者們直接面對面了，
大家高度的熱情與意識都讓我感動極了！
也許是因爲流行時尚最能夠激起女性們的
冒險精神、讓她們感到雀躍興奮吧。
當下的這一瞬間，
覺得自己眞的好愛好愛這份工作。

coat:green trainer:AMERICAN RAG CIE
denim:FRAME shoes:Repetto
bag:Anya Hindmarch

4 ／ 07

今日有半天的空閒時間～
爲了消除當天往返出差的疲勞，
我整理了房間，也點燃了芳香精油，
卯起全力地放鬆（笑）。
辦活動似乎挺不錯的，
眞想讓她們能夠更雀躍、更興奮一點呀。

parka:MUJIRUSHIRYOHIN t-shirt:ZARA
denim:Kiton shoes:Pretty Ballerinas
bag:ANTEPRIMA

4 ／ 08

一大早就進行 H 雜誌的連載內容拍攝工作，
之後去商借用品。
18:00 ～和攝影師 N 、19:00 ～與商品攝影
師 J 各自進行關於拍攝方向的討論。
必須不停走動的日子，
芭蕾舞鞋是最好的選擇。

shirt:DEUXIÈME CLASSE
tank top:JAMES PERSE pants:5
shoes:Repetto bag:Anya Hindmarch

4 ／ 09

繼續周旋於眾家品牌商借物品。
看過最新流行的服裝，
現場聽取了讀者們的心聲，
我的穿搭也開始渴望新鮮感。
這是最近添購的格紋襯衫，
刻意以強調女人味的方式來呈現。

shirt:Thomas Mason
skirt:MACPHEE shoes:Repetto
bag:Anya Hindmarch

4 ／ 10

一直猶豫著要不要穿黑色針織衫，
但畢竟是四月天，
搭配海軍藍似乎更有一股開心的氣氛。
服裝間裡慢慢堆進了各種衣物，
連珠炮般不停迸出的奇思妙想，
快讓我的腦袋打結了！

knit:ELFORBR shirt:Gitman Brothers
denim:Kiton shoes:Repetto
bag:L.L.Bean

4／11

一早去到 S 公司立刻著手進行穿搭設計。
這次的主題，最能夠讓人印象深刻的造型
是什麼？我最想要傳達給讀者的訊息是：
穿上藍色是多麼開心的事。
一個能使人舉一反三、
讓整座衣櫃起死回生的新造型。

knit jacket:45R shirt:DEUXIÈME CLASSE
pants:green shoes:Repetto
bag:J&M Davidson

4／12

準備進行穿搭設計的當天，
為了集中精神在眼前的服裝上，
我認為自己身上最好避免出現過於凸顯、
色彩太鮮明的造型。由於是週六
出門工作，我偏好不論外觀或氣氛
都不會令人覺得沒精神的穿搭。

coat:green shirt:Domingo
cutsew:SAINT JAMES denim:FRAME
shoes:Repetto bag:Anya Hindmarch

4 ／ 13

Favorite Item 01 :

BOSTON BAG

不強勢、不做作，
復古風情中
自然綻放的甜美氣息

已經使用了六年、其間還曾經因為邊角損壞而送修過的 Anya Hindmarch 經典波士頓包「CARKER」。
金具的部分是俐落的蝴蝶結圖案。看起來就像是小時候玩的莉卡娃娃手上拎的包包，真令人懷念。我追求的「甜美」就是這種氣場氛圍：自然、復古。例如以男孩風的穿著配上這只包包，風格絕妙且毫無違和感。

午後要進去 S 公司做穿搭設計，
在這之前的空檔便是我寶貴的私人時間。
和喜歡的人一起吃早午餐，
這身打扮雖然偏男孩風，
但有蕾絲與粉紅色點綴，
這樣的小甜美很有我的風格。

knit:JIL SANDER tank top:JAMES PERSE
pants:Kiton shoes:TOD'S
bag:J&M Davidson

4／14

昨天終於把特輯中要呈現的穿搭全部搞定。
今天休假。明天必須全神貫注，
我就是不想穿襯衫。
單品上衣、單品下身，
頭髮就利用帽子藏起來，
這樣穿就 OK。

knit jacket:45R cutsew:SAINT JAMES
skirt:fredy shoes:NIKE
bag:L.L.Bean

4／15

傍晚時責任編輯會來
幫我看一下穿搭造型。
編輯是第一位以客觀角度
來看這些造型的人，
他會有什麼反應？
哪一套穿搭最能博得歡心呢？

coat:green trainer:AMERICAN RAG CIE
pants:DOROA shoes:CONVERSE
bag:Anya Hindmarch

4／16

拍攝的前一天，
我去 Tiffany 商借道具。
襯衫搭配芭蕾舞鞋，
手上提著 Anya Hindmarch 包包。
特意強調高雅感，
一種很符合會議室氣氛的裝扮。

shirt:BARBA　knit:ELFORBR
denim:FRAME　shoes:Repetto
bag:Anya Hindmarch

4／17

天光微亮的清晨六點半。
我非常喜歡像這樣以拍攝當天獨有的、
純淨清澈的氛圍展開全新的一天。
知我者莫若這群優秀的工作團隊呀，
也唯有他們才能順利完成充滿挑戰性的照片。
將「意象」化爲「形體」、創造力滿溢的一天。

knit:mai　knit jacket:45R
denim:Levi's®　shoes:Pretty Ballerinas
bag:GOYARD

4 ／ 18

緊接著昨日的模特兒拍攝工作，
今天要去廣尾的攝影棚進行商品攝影。
將道具一個一個擺上去，打亂，重新調
整位置，再打亂……完完全全是一種體
力勞動啊（笑）。最近參與商品攝影時，
我都一定會搭配抽繩褲。

jacket:YANUK cutsew:SAINT JAMES
pants:5 shoes:Repetto
bag:ANTEPRIMA

4 ／ 19

和長年以來一直幫我整理雜誌原稿的
寫手 O，一起去三軒茶屋的咖啡館進
行本次特輯的採訪工作。雖說是去採
訪，不知道爲什麼，我們幾乎每次都
是在閒聊。但話說回來，雜誌這種東
西，眞是創意發想的寶庫呀。

shirt:Thomas Mason
denim:FRAME shoes:Repetto
bag:ANTEPRIMA

4／20

與創意十足的團隊一同完成拍攝工作後，
我的感性也被完全激發了。好想去血拼，
買些高質感的東西，
爲自己注入新鮮的靈感！
於是我買了 LIBECO 的床單，整體煥然
一新。眞是沁人心脾，神清氣爽啊。

cutsew:SAINT JAMES
knit jacket:45R pants:Kiton
shoes:Repetto bag:ANTEPRIMA

4／21

好天氣。
從家裡出發隨興走走逛逛，
一路散步到二子玉川。
然後接到事務所的電話，
說是報社來了新的委託案。
空氣似乎漸漸暖和起來了。

shirt:Bagutta cutsew:SAINT JAMES
pants:BACCA jacket:YANUK
shoes:Repetto bag:ANTEPRIMA

4／22

靈機一動穿上這套來提振精神！
走在街上彷彿準備去約會般，心情愉悅。
沒有多想就決定搭配這件格紋褲，
除了帶點復古風，
膝蓋以下貼身剪裁的窄管褲設計
也很有當季的時尚風格。
朝著喜歡的咖啡館邁開大步前行。

trainer:AMERICAN RAG CIE
pants:DOROA shoes:Repetto
bag:Anya Hindmarch

Map 01 : Favorite Restaurant&Cafe in Setagaya

可以一個人，約朋友，或者與喜歡的人一起去。
吸引我一訪再訪、住家附近的咖啡館

01:TEATRO DELLA PASSIONE

開朗夫妻檔為你注入滿滿能量的
家庭風義大利餐館

從用賀車站徒步五分鐘路程的義大利餐館。照片中的是以義大利冬令蔬菜菊苣做成的沙拉。披薩、義大利麵、有機紅酒也都十分美味，無拘無束的感覺真是舒服。

● TEATRO DELLA PASSIONE
http://teatro-della-passione.com/

● 02:APRONS FOOD MARKET

● 01:TEATRO DELLA PASSIONE

03: 弦巻茶屋
TSURUMAKI JAYA ●

02:APRONS FOOD MARKET

夏天喝氣泡酒，冬天飲熱紅酒
單手捏起小菜配著一起吃

保證有座位的義式咖啡館，聽起來很棒吧。這是 家能夠嚼著小菜一邊啜飲美酒，裝潢時髦的咖啡輕食館。玻璃櫃内的所有美食，都可以少量單點。

● APRONS FOOD MARKET

Tamagawa Street

Seta Intersection

03: 弦巻茶屋 TSURUMAKI JAYA

住宅區的獨棟建築。
走進去才發現是西班牙餐館

搭計程車去十之八九會迷路（笑）的一家隱藏版餐館。每次我都是去吃晚餐兼採訪。獨特的空間感讓人不禁也跟著興致高昂起來。日式房屋内搭配著摩洛哥風家具，充滿異國風情。

●弦巻茶屋
http://www.tsurumakijaya.com/

● 04:HARUYA MUKASHI

Kan-pachi Street

Futakotamagawa Station

to Den-en-chofu

04:HARUYA MUKASHI

帶著文庫本去喝咖啡
一個人散步的小樂趣

完全空檔的休假日，我喜歡悠哉地在二子玉川附近漫步。走進這家只有吧台的咖啡館，點一杯「香濃咖啡」或「巴西咖啡」消磨兩小時看看書，是我最鍾愛的放鬆時刻。

● HARUYA MUKASHI
http://haruyamukashi303.mond.jp/

4 ／ 23

嗯～也許是因爲換了新床單，
感覺不一樣了，
突然很想把家裡也整個重新裝潢。
要不要把窗簾換成帶點春天氣息、
明亮的色調看看呢？
我應該去 window shopping 一下的……

cutsew:SAINT JAMES　tank top:JAMES PERSE
denim:Kiton　shoes:TOD'S
bag:GOYARD

4 ／ 24

將布製品換新，
眞的可以讓家裡的氣氛截然不同耶！
居家舒適，
讓人也想穿上舒適的衣服。
輕鬆悠閒的休閒長裙，
搭配一條蓬鬆、稍具分量感的披肩。

shirt:DEUXIÈME CLASSE
tank top:JAMES PERSE　skirt:fredy
shoes:CONVERSE　bag:ANTEPRIMA

4 / 25

穿上最高級的喀什米爾羊毛針織上衣，
與報社人員開企劃會議。
第一印象最重要，
因此上衣挑選了粉紅色。
面對精明的讀者群，
我該端出什麼提案好呢？

knit:mai denim:Levi's®
knit jacket:45R shoes:Repetto
bag:L.L.Bean

4 / 26

當天來回老家參加法會。
DEUXIÈME 簡潔的連身洋裝
是替代喪服的重要單品。
雖然是例行公事，
反正花不了什麼時間，
就讓富士山與湖景，徹底撫慰我的心吧。

one-piece:DEUXIÈME CLASSE
shoes:MIHAMA
bag:Anya Hindmarch

4／27

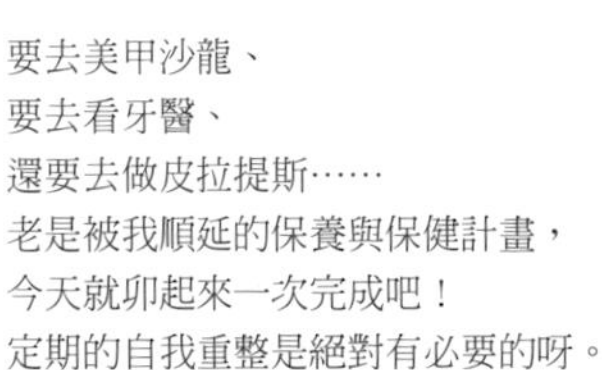

要去美甲沙龍、
要去看牙醫、
還要去做皮拉提斯……
老是被我順延的保養與保健計畫，
今天就卯起來一次完成吧！
定期的自我重整是絕對有必要的呀。

t-shirt:VINCE jacket:YANUK
cardigan:Ron Herman pants:5
shoes:Repetto bag:Anya Hindmarch

4／28

白色、粉紅、金色
充滿了光與溫度感、
十分浪漫的配色。
約會時若是決定穿上粉紅色，
那麼它最好是看起來水水嫩嫩、
能夠放鬆情緒的粉紅。

trainer:AMERICAN RAG CIE
denim:Kiton shoes:CONVERSE
bag:ANTEPRIMA

4 ／ 29

在中目黑的燒烤店
討論關於名古屋活動的內容。
三個女人的 girl's talk 眞是沒完沒了。
復古的紅與粉紅，
能讓人立刻做出完全不同於昨日風格的打扮，
正是參加女子同樂會的一大樂趣呀！

knit:mai pants:DOROA
shoes:Pretty Ballerinas
bag:Anya Hindmarch

4 ／ 30

努力思考企劃案的各種可能性。
襯衫 × 抽繩褲的基本穿搭之外，
今天的我想要戴上酒紅色眼鏡，
藉此凸顯渴望小小嚐鮮的心情。
不知道這樣的感覺是否也能順利
化成提案呢？

shirt:DEUXIÈME CLASSE
tank top:JAMES PERSE pants:BACCA
shoes:Pretty Ballerinas bag:GOYARD

may
5
Denim chic!
01 THURSDAY
02 FRIDAY
03 SATURDAY
04 SUNDAY
05 MONDAY
06 TUESDAY
07 WEDNESDAY
08 THURSDAY
09 FRIDAY
10 SATURDAY
11:00 まゆみちゃん
二子玉
11 SUNDAY
はっちゃん 新宿
18:00〜
今年はやっぱり白！
12 MONDAY
13 TUESDAY
14 WEDNESDAY
10:00
人間ドック
15 THURSDAY
ストレッチが
きいてる！

＊作者菊池京子 2014 年穿搭行事曆。

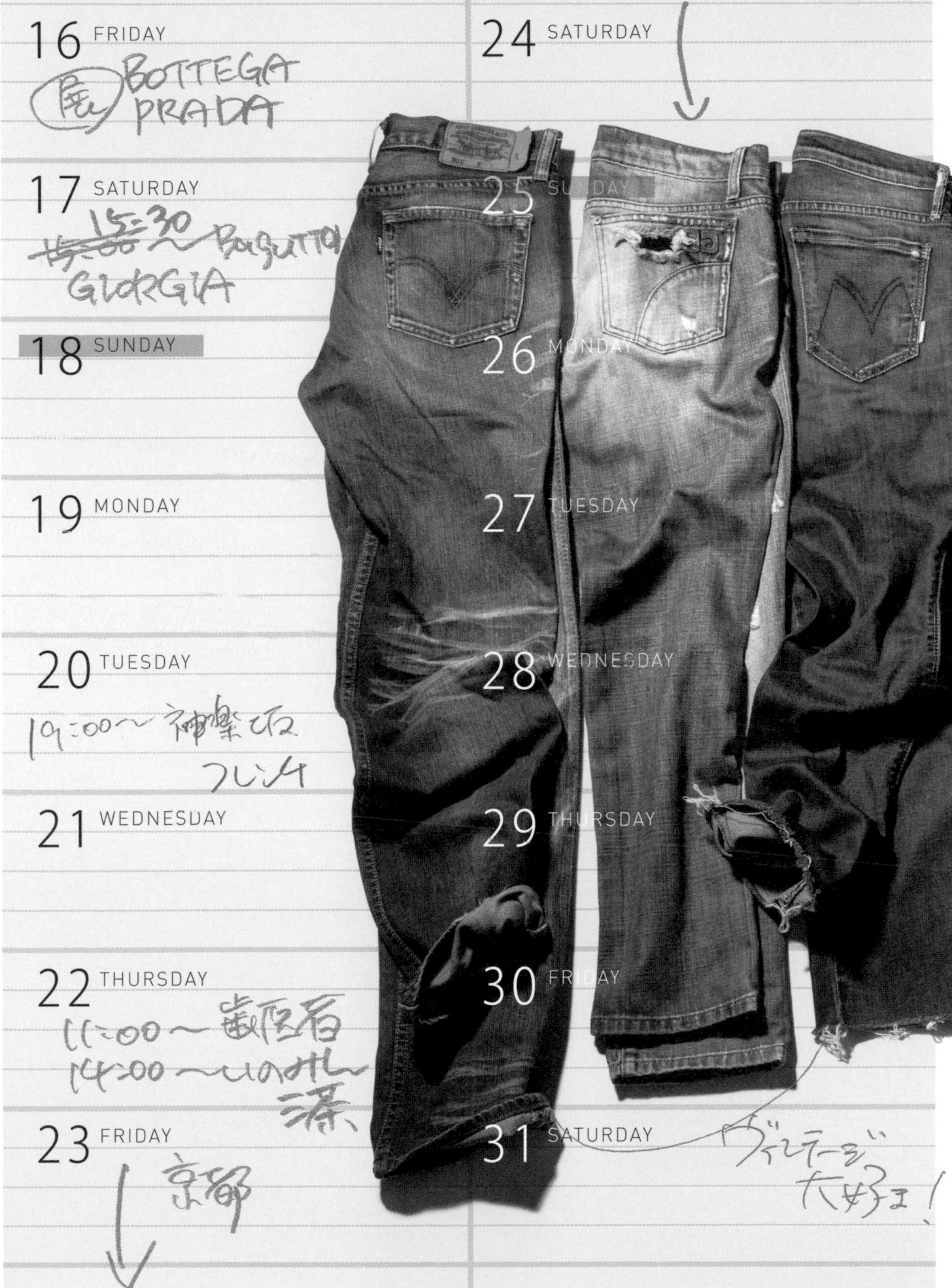
16 FRIDAY
BOTTEGA
PRADA
17 SATURDAY
15:30~
GIORGIA
18 SUNDAY
19 MONDAY
20 TUESDAY
19:00~ 神楽坂
フレンチ
21 WEDNESDAY
22 THURSDAY
11:00~ 歯医者
14:00~
23 FRIDAY
京都
24 SATURDAY
25 SUNDAY
26 MONDAY
27 TUESDAY
28 WEDNESDAY
29 THURSDAY
30 FRIDAY
31 SATURDAY
ヴィンテージ
大好き!

5 ／ 01

即便是穿慣了的丹寧褲，
搭配高雅又帶休閒氣味的針織上衣，
整體顯得優雅且魅力十足。
穿搭是一種排列組合的遊戲。
換個配角或跳脫慣常的平衡感，
一件單品就能變化出無限可能。

knit:mai denim:JOE'S JEANS
shoes:TOD'S
bag:GOLDEN GOOSE

5 ／ 02

自從上次的米蘭服裝秀之後，我對「白襯衫」所能營造的氛圍有了全新的觀感。
領口隨興往後滑落的寬鬆線條，跳脫了基本款的既定印象框架，
讓人驚豔白襯衫竟有這般的時尚力量。

shirt:MUSE camisole:GAP
denim:SUPERFINE bag:Anya Hindmarch
bag:L.L.Bean

5／03

和負責推廣珠寶的友人一起去
六本木凱悅飯店的庭院喝茶。
嗯～陽光燦爛！被稱讚今天的裝扮很好看，
眞是心花朵朵開！
今日的穿搭靈感是模擬
我的偶像珍．柏金穿上丹寧褲的模樣。

knit cardigan:CHANEL
cutsew:SAINT JAMES
denim:Levi's® shoes:Repetto

5／04

覺得自己全身上下
散發好特別的一種高亢激昂感。
香奈兒的針織外套就是擁有這樣的魔力吧？
它可不僅是一件價格高昂的衣服而已。
再把眞眞假假的珍珠項鍊混搭著戴上，
啊～洋服眞是太好玩了！

knit cardigan:CHANEL
t-shirt:VINCE denim:FRAME
shoes:Repetto bag:Anya Hindmarch

5／05

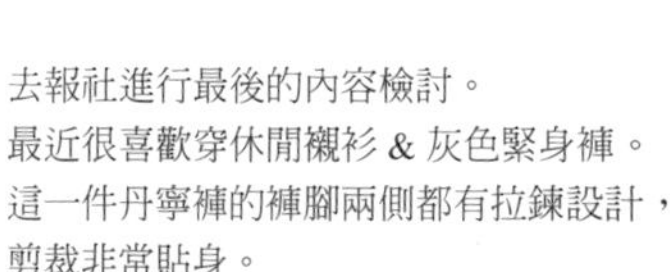

去報社進行最後的內容檢討。
最近很喜歡穿休閒襯衫 & 灰色緊身褲。
這一件丹寧褲的褲腳兩側都有拉鍊設計，
剪裁非常貼身。
因爲材質柔軟，雖然緊貼著肌膚，
穿在身上卻相當舒適！

shirt:MUSE camisole:GAP
denim:SUPERFINE shoes:CONVERSE
bag:GOLDEN GOOSE

5／06

心裡暗自猜想電車裡應該很擠吧……，
今天已經是黃金週假期的最後一天
了。
四周瀰漫著一股比平常更加緊繃的氣
氛。對於將氛圍化作提案爲業的我來
說，其實覺得還滿有趣的。

knit cardigan:CHANEL
camisole:UNIQLO t-shirt:JAMES PERSE
denim:JOE'S JEANS shoes:CONVERSE

5 ／ 07

一大早就被母親打來的電話吵醒，
說她無論如何都要我幫忙規劃下旬去京都的旅行計畫。
今天與 H 雜誌編輯碰面時，
再來請教他有沒有推薦的旅館吧。
記得他這陣子好像是負責規劃京都特輯。

coat:MACKINTOSH knit:mai
denim:JOE'S JEANS
shoes:SEBOY'S bag:J&M Davidson

5 ／ 08

傍晚開始拍攝官網要使用的照片。
自從決定公開自己的私服之後，
收到許許多多來自讀者們的第一手反應。
不同於雜誌，這可是與網路上的使用者們最直接的近距離接觸啊。
感覺似乎能因此孕育出什麼來呢。

knit:ELFORBR
camisole:GAP denim:Kiton
shoes:TOD'S bag:L.L.Bean

5 ／ 09

還是一直很想將丹寧穿出優雅感。
不過，優雅這兩個字似乎很容易被誤解。
對我來說，
所謂優雅並非甜美或古典，
而是氣質以及游刃有餘。

shirt:MUSE camisole:GAP
denim:SUPERFINE
shoes:Repetto bag:ANTEPRIMA

5 ／ 10

11：00 約在二子玉川談論公事。
與 M 一起吃早午餐，
沒多久收到從小即熟識的 H
發來的手機簡訊：「我現在在新宿，
晚上要不要聚一下？」
哇～我們有幾年沒見面了呀？

knit:mai denim:FRAME
shoes:RENÉ CAOVILLA
bag:ANTEPRIMA

5／11

觀點與我不同，
彼此對人生的抉擇也不一樣。
H 的兒子已經是大學生了，
真是不可思議啊。我踱步前往咖啡館。
這件是最基本款的 SAINT JAMES「OUESSANT」，
厚質的棉料穿起來好舒服。

knit jacket:45R cutsew:SAINT JAMES
denim:Levi's®
shoes:Repetto bag:L.L.Bean

5／12

今年我添購了 SAINT JAMES 的
三號上衣。這個 Size 略顯寬鬆，
感覺是比較傳統的穿法。
底下搭配的是合身的丹寧裙。
今天要與事務所的工作人員
吃飯、談工作。

cutsew:SAINT JAMES
skirt:MACPHEE shoes:Christian Louboutin
bag:Anya Hindmarch

5／13

氣象報告說午後會下大雨，
於是我做好了萬全的準備。裡面搭配的是一號的條紋T恤。在事務所將昨天談的企劃案內容從頭再審視一遍。
明天要去做健康檢查，
今天的晚餐就不吃了。

mountain parka:THE NORTH FACE
cutsew:SAINT JAMES denim:AG
shoes:HUNTER bag:ANTEPRIMA

5／14

花了一整天做完各項檢查之後，
感覺好像完成一項工作似的鬆了一口氣（笑）。
真想吃個美味大餐什麼的，
發簡訊問一下男友吧。
今天穿的是灰色的「OUESSANT」。

cutsew:SAINT JAMES
denim:Levi's®
shoes:Repetto bag:L.L.Bean

5／15

報社企劃案需要的照片張數不多，
加上幾乎都是我的私人衣物，
所以就在事務所的一角架起了攝影棚，
請攝影師 T 進行拍攝工作。
看著他全神貫注一張一張
按下快門的「專注」神態，實在感動。

shirt:MUSE camisole:GAP
denim:FRAME shoes:Repetto
bag:Anya Hindmarch

5／16

萬里晴空，很有五月的氣氛。一如往常的表參道，綠樹們感覺似乎更加蓊鬱青翠了。連續看了 BOTTEGA VENETA 與 PRADA 的發表會之後，印象最深刻的便是他們所展現的喜悅。對於 SENSE 的堅持及貫徹始終的姿態，美麗且充滿了震撼力。

cutsew:SAINT JAMES
denim:AG shoes:Repetto
bag:ANTEPRIMA

Favorite Item 02：BORSALINO

顛覆經典再創新意
爲造型增添成熟風韻

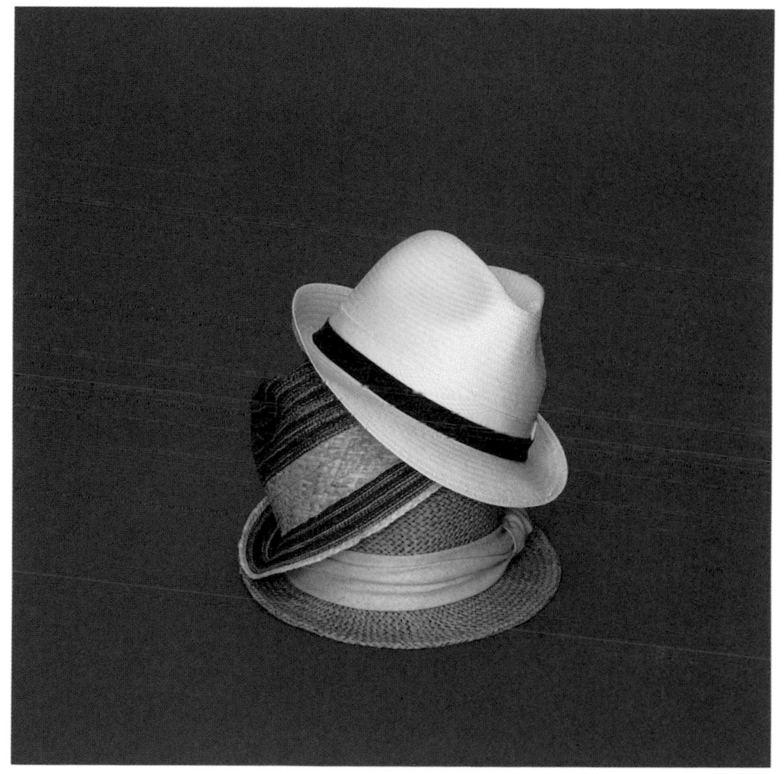

一件休閒氣味略顯濃厚的破洞丹寧褲，若是搭配例如最上方的那頂 Borsalino，便成了今年最夯的流行裝扮。僅僅如此，馬上就讓人渾身散發精彩的時尚味。就像這樣，重點在於精準掌握關鍵的品項，大玩穿搭遊戲。初次嘗試帽子的新手，選擇帽簷不是太寬的款式，同樣能夠盡情發揮。

5／17

與義大利品牌的日籍公關 G 小姐
進行面談。
好久不曾開口講義大利語了，非常緊張，
但對方一聽見自己的母語立即綻放笑臉、
展露米蘭人慣有的親切友善，
我的膽子也跟著放開了。

knit cardigan:CHANEL
camisole:UNIQLO t-shirt:JAMES PERSE
denim:JOE'S JEANS shoes:CONVERSE

5／18

工作滿檔的夥伴們唯一能夠全員到齊的星期天。這是第一次向大家徵詢關於 K.K closet 首度企劃案的想法。然後，不知道爲什麼這件上衣意外大受男性們的一致好評？男朋友風的休閒上衣看起來很性感？之類的？

trainer:House of 950
denim:SUPERFINE
shoes:Repetto bag:ANTEPRIMA

5／19

5／20

大家的反應十分熱烈。
因應網路使用者的需求，
我決定在六月舉辦讀者活動。
會有哪些女性來參加？
我最想要與她們分享什麼呢？

trainer:Americana shirt:FRED PERRY
denim:AG shoes:CONVERSE
bag:Anya Hindmarch

雖然這沒什麼好驚訝的，
但編輯對於各種店家大多熟門熟路耶。在雜誌O工作時曾經很照顧我的編輯友人，幫我預約了神樂坂的法國餐廳。感覺好像受邀前往豪宅，氣氛真優雅啊～

knit cardigan:CHANEL
blouse:Bagutta denim:MOTHER
shoes:Repetto bag:J&M Davidson

5 ／ 21

「我聽說了妳們的人事異動，妳一切好嗎？」
突然想要發個簡訊，
給年終時由 G 出版社出版單行本
的責任編輯。
多虧這位年輕又熱血的女孩鼎力相助，
去年才有辦法推出這本好書呀。

shirt:Thomas Mason denim:FRAME
shoes:DIEGO BELLINI
bag:Anya Hindmarch

5 ／ 22

與我的前助理 I 共進午餐。
從大家對於造型師的要求到雜誌大環境
的變化，不知不覺間，我們的話題慢慢
嚴肅了起來。
剪裁略微寬鬆且柔軟合身的 MOTHER
七分丹寧褲，穿起來舒適又俏皮！

shirt:L'Appartement
denim:MOTHER shoes:SEBOY'S
bag:L.L.Bean

5／23

約好在東京車站碰面，
菊池一家準備展開京都兩天一夜之旅。
多虧媒體界好友的協助，
感覺這將是一次完美的旅行。
戴上圓形耳環，
旅行的氣氛更濃厚了。

trainer:Americana shirt:Thomas Mason
denim:FRAME shoes:DIEGO BELLINI
bag:Anya Hindmarch

5／24

利用黑與白刻意營造出輕鬆的
穿著感，在京都市區內觀光。
沐浴在高格調、連細節都不忘
精雕細琢的城市氛圍裡，
腦袋似乎也被它激盪出某種火
花了。

trainer:AMERICAN RAG CIE
denim:FRAME shoes:DIEGO BELLINI
bag:Anya Hindmarch

5／25

午後來到了世田谷美術館，
和友人泡咖啡館聊是非。
與人相談甚歡使我渾身充滿了幹勁。
但是我平常並不是那麼熱衷於社交
活動耶。
也許是天氣的關係？

shirt:MUSE camisole:GAP
denim:SUPERFINE shoes:CONVERSE
bag:GOLDEN GOOSE

5／26

說來我的寫手好友 O 的生日
已經過了耶！
有沒有那種感覺有些特別、
不錯的禮物呢？
趁工作空檔去了銀座的和光百貨。
啊！發現好東西了～

jacket:YANUK parka:THE NORTH FACE
t-shirt:VINCE pants:Theory
shoes:CONVERSE bag:L.L.Bean

5 ／ 27

前往 BRAINSTORMING@ 事務所
爲下個月即將舉行的活動
進行整體彩排。
把昨天找到繡上名字縮寫的手帕送給O，
她開心極了。

cutsew:SAINT JAMES
denim:SUPERFINE shoes:Repetto
bag:J&M Davidson

Column 01 :

Japanese Sweets

低調的甜味及
鬆軟的口感。
日式點心，超讚！

事情發生在我從模特兒的拍攝外景地移動前往商品攝影棚時。編輯 K 喃喃自語說著：「要不要買點麩饅頭帶去呢……」就這麼一句話讓我的疲倦及睡意全消，因為我最愛日式點心了。明明還沒吃到呢（笑）。照片上的是惠比壽「正庵」的麩饅頭。

5／28

帽子與寶石項鍊，
再搭配皮革披巾。
關於這次活動的新提案，
我決定讓丹寧跳脫經典的窠臼，
蛻變成爲融合時尚與品味
且容易上手的「終極關鍵」。

knit:mai denim:AG
shoes:Repetto
bag:GOLDEN GOOSE

5／29

膝蓋以下完全服貼的無水洗丹寧褲，
九分的褲管設計可以稍微露出腳踝。
實在太喜歡它的剪裁，
於是買了兩件不同顏色的相同款式。
這件單品能讓人充分展現唯有丹寧褲
才能表達的女性風韻！

shirt:Gitman Brothers denim:FRAME
shoes:L'Artigiano di Brera
bag:Anya Hindmarch

5 ／ 30

Borsalino × JOE'S 的破洞丹寧褲。
奇妙的是，平常戴慣了的珍珠項鍊，
竟然展露出不同於以往的率性表情。
漫步在青山通，
焦點很自然地落在櫛比鱗次的商店
精心設計的櫥窗上。

shirt:DEUXIÈME CLASSE
tank top:JAMES PERSE denim:JOE'S JEANS
shoes:CONVERSE bag:GOLDEN GOOSE

5 ／ 31

在表參道上的咖啡館悄悄觀察
女性們的穿搭裝扮。
感覺上，成熟女性們也很勇於嘗試
各種最新的流行時尚。
這個「感覺」，
正是最重要的關鍵。

knit:mai denim:FRAME
shoes:Repetto
bag:Anya Hindmarch

june
6

Jersey, sometimes Rains

01 SUNDAY

02 MONDAY

ラベンダー使い始めて1日目!

03 TUESDAY

04 WEDNESDAY

15:00~
品川プレス

05 THURSDAY

06 FRIDAY

07 SATURDAY

17:00~
azzurro
Meeting

08 SUNDAY

09 MONDAY

HUNTER

10 TUESDAY 11:00 二子玉 下見

11 WEDNESDAY

楽ちん
ドロスト

12 THURSDAY

13 FRIDAY

14 SATURDAY

15 SUNDAY

14:00~
パークハイアットラウンジ

made in Japan

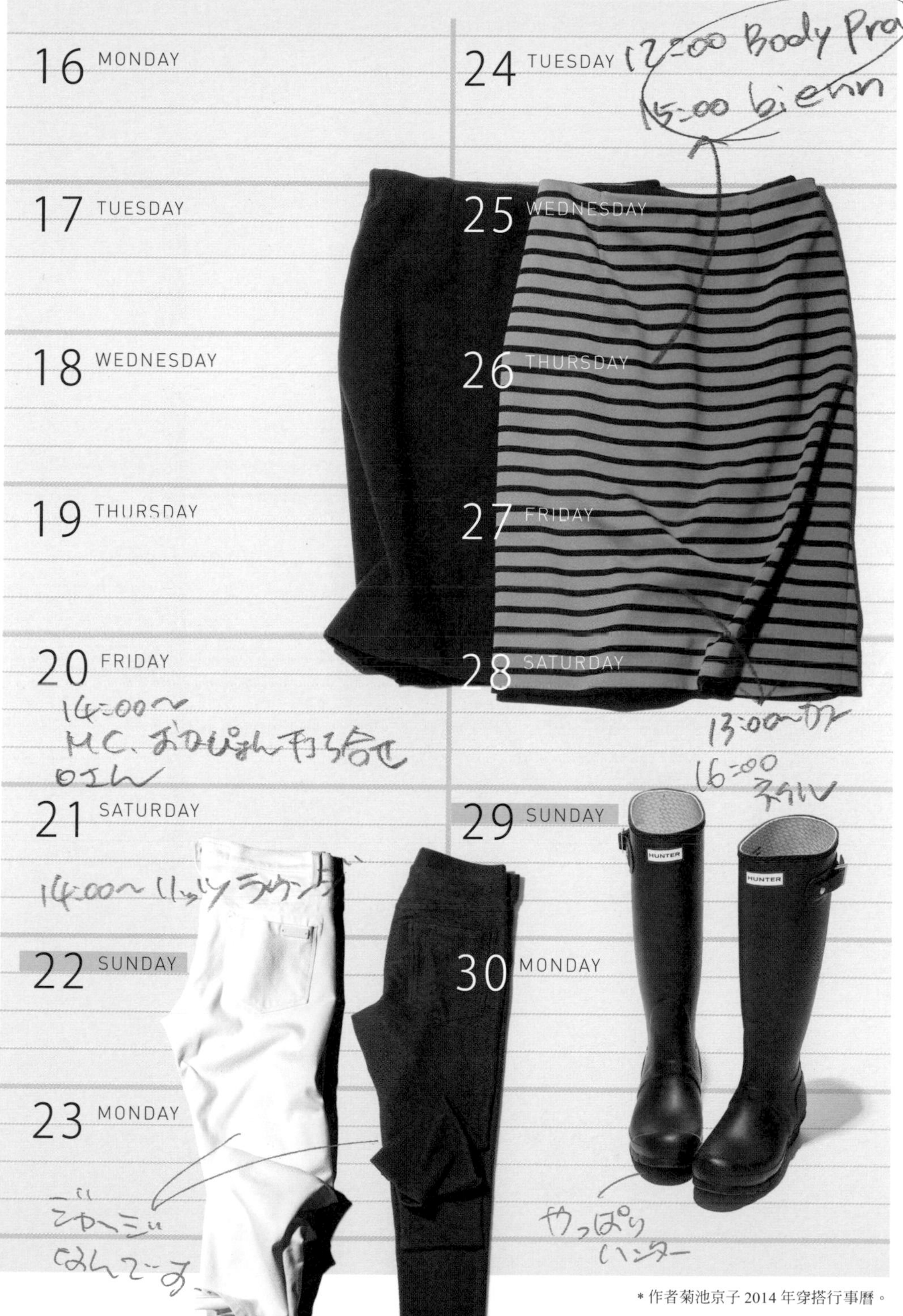

* 作者菊池京子 2014 年穿搭行事曆。

6 ／ 01

瞬間雕塑出婀娜線條、
女性風情立現的緊身裙。
舒適的針織材質穿起來合身卻不緊繃。
清新、活力十足的氣息中
不經意地流露出優雅的氣質。
在六月穿上這身運動風的裝扮，
感覺十分新鮮。

trainer:AMERICAN RAG CIE
skirt:ROPÉ mademoiselle jacket:YANUK
shoes:L'Artigiano di Brera bag:L.L.Bean

6 ／ 02

終於要在這個月底為「K.K closet」舉行活動了。
下下停停的雨就像此刻既期待又緊張的心情。
不知道屆時將會激盪出什麼化學反應呢？

cutsew:SAINT JAMES pants:5
shoes:Repetto
bag:ANTEPRIMA

6／03

17：00～活動會議。
和年輕的工作人員 T 一起確認
申請參加活動的報名名單。
不同於粉紅或黃色，
綠色 & 深藍交織出的清爽及歡樂感，
很有六月的氣氛。

knit:ELFORBR tank top:JAMES PERSE
skirt:ROPÉ mademoiselle
shoes:CONVERSE bag:L.L.Bean

6／04

下雨天特別想以白色來強調潔淨感。
針織布料緊身褲穿起來既不悶熱，
活動時也很舒適方便。
要穿得有型又不想受到束縛，
在梅雨季節更顯得格外重要啊。

cardigan:Fabrizio Del Carlo
camisole:UNIQLO pants:NICWAVE
shoes:HUNTER bag:L.L.Bean

6 ／ 05

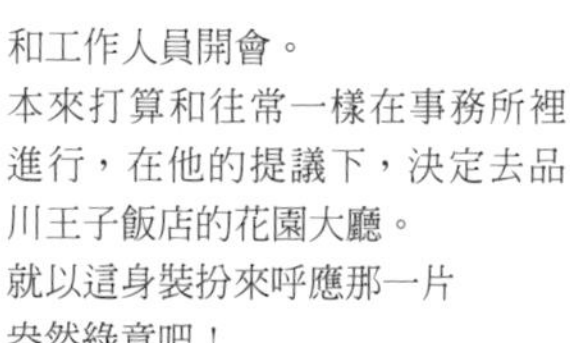

和工作人員開會。
本來打算和往常一樣在事務所裡
進行，在他的提議下，決定去品
川王子飯店的花園大廳。
就以這身裝扮來呼應那一片
盎然綠意吧！

cardigan:Fabrizio Del Carlo
tank top:VINCE skirt:DEUXIÈME CLASSE
shoes:Repetto bag:Anya Hindmarch

6 ／ 06

在代官山 TSUTAYA 的咖啡館
仔細看著網路讀者們留給我的訊息。
讀者的型態有千百種，
但關於時尚，
大家的疑問就只有一個：
什麼東西最適合自己？

jacket:YANUK shirt:Gitman Brothers
skirt:ROPÉ mademoiselle knit:ELFORBR
shoes:CONVERSE bag:J&M Davidson

6 ／ 07

今天的工作商議地點
在 PARK HYATT 的大廳。
寬敞的空間，貼心的服務，
果真有種賓至如歸的舒適感～
看來，營造高品質環境的最大關鍵，
就在於一顆真心哪。

cardigan:CHANEL cutsew:SAINT JAMES
skirt:DEUXIÈME CLASSE
shoes:ZARA bag:J&M Davidson

6 ／ 08

一大早雨就下個不停。
登山外套與 HUNTER 長筒雨鞋，
會比雨衣來得可靠。
稍稍露出的長襪，
是今天的穿搭重點。

mountain parka:THE NORTH FACE
cutsew:SAINT JAMES short pants:DK made
shoes:HUNTER bag:ANTEPRIMA

6 ／ 09

富有季節感的運動上衣下襬露出格紋衫的穿搭，顯得很有女人味。
搭配自然稍凌亂的髮型，戴上圓形耳環，感覺就像是巴黎女子嘗試穿出美式休閒風格。
鼻子輕哼著歌兒，前去檢視展示會場。

trainer:Americana tank top:JAMES PERSE
shirt:L'Appartement pants:NICWAVE
shoes:CONVERSE bag:TOD'S

6 ／ 10

前往二子玉川查看活動會場。
綠意盎然的空中花園感覺眞棒。
Gitman 的襯衫是男生款式的小號 Size。
緊身裙今天不走優雅路線，
我要的是運動風。

shirt:Gitman Brothers
skirt:ROPÉ mademoiselle knit:ELFORBR
shoes:ZARA bag:L.L.Bean

6／11

服貼身體曲線的黑裙。看著側面完全
呈現 S 形線條的自己如此妖嬌美麗，
感覺眞是新鮮（笑）。
蓬鬆的開襟外套彷彿大披肩般輕柔地
將我圈起。
收縮 & 外張的力量各有擅場。

cardigan:Fabrizio Del Carlo
cutsew:SAINT JAMES skirt:DEUXIÈME CLASSE
shoes:TOD'S bag:L.L.Bean

6／12

套上長筒靴，想把褲管塞進長筒
裡時，最方便的就是針織布材質
的緊身褲了。
由於是完全貼身的褲款，搭配寬
鬆的襯衫可以稍稍遮住臀部。
即便是下雨天，也要充滿活動力！

mountain parka:THE NORTH FACE
shirt:FRED PERRY knit:ELFORBR
pants:Ron Herman shoes:HUNTER bag:Ron Herman

6／13

中午前要進行H雜誌的連載採訪工作，午後則是要去看看做活動時要商借使用的空間擺設道具。
之前在TSUTAYA找到一本以「白色」爲主題的照片集，我認爲這種感覺的空間設計相當理想。

trainer:House of 950
tank top:VINCE short pants:DK made
shoes:HUNTER bag:ANTEPRIMA

6／14

今日一早便下起了雨。
以神清氣爽的白長褲爲主角，
再利用大格紋衫製造視覺亮點。
沒想到我在下雨天
特地選擇白色的機率還滿高的耶。

trainer:Americana tank top:JAMES PERSE
shirt:L'Appartement pants:NICWAVE
shoes:HUNTER bag:ANTEPRIMA

6 ／ 15

利用一件單品讓時髦度大幅加分。
即便是日常生活中的小小特別，
在這次的活動中也將受到
大大的重視！
香氣、音樂、熱茶與點心的滋味，
每個環節都要做到最好。

coat:MACKINTOSH shirt:Perfect Persuasion
cardigan:Letroyes pants:Banana Republic
shoes:FREE FISH bag:ANTEPRIMA

6 ／ 16

將我的想法分享給工作團隊，
他們希望我盡量避免超出預算及人
力，這個回應讓我有點小氣惱。
延續昨日，黑白基本色的雨天優雅
穿搭 part 2。
來去吉祥寺的雜貨店家添購小物件。

shirt:ORIAN tank top:JAMES PERSE
cardigan:Letroyes short pants:J BRAND
shoes:HUNTER bag:J&M Davidson

6 ／ 17

我明白不論在時間上、預算上或空間上都必須有所取捨，但是我也有自己的堅持。因爲是一磚一瓦親手堆砌，眞的不想輕易妥協啊。
唉唷～已經到達臨界點了！
來去按摩一下吧。

shirt:L'Appartement
tank top:JAMES PERSE maxiskirt:fredy
shoes:CONVERSE bag:TOD'S

Favorite Item 03 :

SAINT JAMES

水洗自然褪色後的
原汁原味
法式休閒上衣

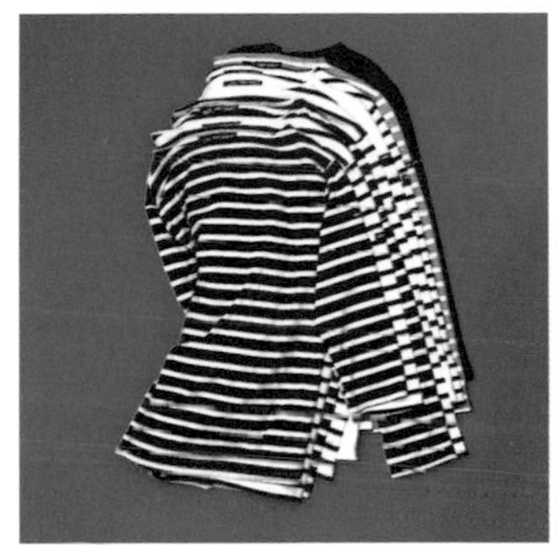

顏色不同，材質不同，大小不同，條紋不同……我總因為這些極微小的差異而陸續買下各種款式，但實際上我也真的很愛穿搭這些衣服。十幾歲時就愛上了 SAINT JAMES，它可是我的時尚啓蒙導師之一呢。不論是材質的質感、領子的開口設計、復古風的條紋，至今依舊無可取代。

6 ／ 18

今天要為某個品牌設計目錄上的
服裝穿搭造型。
窩在總公司的會議室裡，
與一堆衣服奮戰了一整天。
針織布 & 絲綢材質的長褲
真是舒服又便於活動呀。

shirt:Thomas Mason
pants:5 shoes:HUNTER
Bag:L.L.Bean

6 ／ 19

持續昨天的穿搭造型工作。
非常累人，但能夠像這樣心無旁騖集
中心力在一件事情上，感覺真好。
身上是 FRED PERRY 的襯衫，
搭配同色系的藍色笑臉包包。
「積極」度與「專注」力火力全開。

shirt:FRED PERRY knit:ELFORBR
pants:Ron Herman shoes:HUNTER
bag:ANTEPRIMA bag:Ron Herman

6／20

與專門辦活動的主持人O
已經有十五年的交情了。
我們約在表參道的YOKU MOKU見面。
我家T君這個從未辦過活動的新人菜鳥
所做的活動腳本，
獲得了極爲嚴厲的指正及批評。

cardigan:Fabrizio Del Carlo
t-shirt:Perfect Persuasion skirt:DEUXIÈME CLASSE
shoes:TOD'S bag:ANTEPRIMA

6／21

在飯店大廳裡談事情，
氣氛就是不一樣。
六本木的麗池卡登飯店。
悠悠鋼琴樂，
潺潺水流聲，
熱熱鬧鬧彷彿置身歐洲呀。

shirt:DEUXIÈME CLASSE
camisole:GAP pants:BACCA
shoes:Christian Louboutin bag:ANTEPRIMA

6 ／ 22

休假日，下雨天但實在很想動動身體，
於是跑去做皮拉提斯。
紅傘的點睛效果有如紅色唇膏，
是展現法國風情的三色旗。
這是屬於我的
「The umbrella of Cherbourg」。

mountain parka:THE NORTH FACE
shirt:FRED PERRY knit:ELFORBR
pants:Ron Herman shoes:HUNTER bag:ANTEPRIMA

6 ／ 23

天空一放晴，
又是個充滿初夏氣息的豔陽天。
在會場所在的二子玉川散步。
推著嬰兒車的媽媽戴著時髦的帽子，
隨處可見打扮時尚的夫妻。
可以明顯感受到流行正在進化中。

t-shirt:SAINT JAMES
skirt:DEUXIÈME CLASSE
shoes:Repetto bag:ANTEPRIMA

6／24

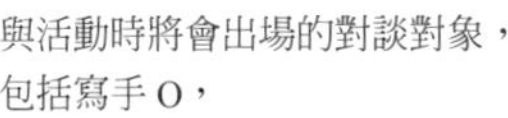

與活動時將會出場的對談對象，
包括寫手 O，
一起針對腳本做最後的確認，
接著前往參加某品牌的模特兒選拔。
這陣子特別熱衷於法國風。
今天走的是寬鬆 × 寬鬆的造型。

cutsew:SAINT JAMES
pants:5 shoes:Repetto
bag:ANTEPRIMA

6／25

G 社的編輯打電話來。
活動當天將會有關於單行本的製作
花絮，並接受相關問題的提問，
請我屆時再看現場狀況稍作回應，
工作人員也會適時地提供協助。
聽起來安心多了。

cardigan:Fabrizio Del Carlo
t-shirt:GAP short pants:DK made
shoes:HUNTER bag:L.L.Bean

6 ／ 26

在活動即將舉行的前夕，
一整天都安排了美容與保養的行程。
JAMES PERSE 的薄 T 恤內搭小可愛，
底下是休閒長裙，
就連衣裝也被強迫（笑）要整個很放鬆。
但配上帽子及格紋襯衫，
瞬間又冒出青山風格了（笑）。
不去多想，隨興混搭就是了。

t-shirt:JAMES PERSE camisole:UNIQLO
shirt:Thomas Mason maxiskirt:fredy
shoes:CONVERSE bag:L.L.Bean

Map 02 : Beauty Cruise

舉辦活動前夕、海外出差之前都需要
提振自我的美容護膚套餐

Start!

Kitaaoyama 01 : BODY PROVE

針對個人調配的芳香精油
令人通體舒暢

雖然好友特別告誡我「千萬別刊在雜誌裡，人多就傷腦筋了」，但我覺得也該是時候公開給大家知道了，那就來做介紹吧（笑）。以針對個人體質或喜好調配的精油來按摩，對付失調的身心特別有效！

● BODY PROVE
http://www.integracy.co.jp/

Jingumae 02 : BIENN

在這個沙龍可以燙睫毛
也有我愛用的美容液睫毛膏

除了參加必須與大眾面對面的活動或拍照時，平常我都不上粉底，因此我一定會定期保養整理睫毛及眉毛。即使是睫毛膏，我也只使用沒有顏色的保養液。我愛自然美呀。

● BIENN
http://www.bienn.co.jp/

Ginza 03 : AIO-N

追著染髮師跑的第三家
讓人身心靈全面放鬆的染髮沙龍

一直以來都是請染髮師 NOBU 幫我染髮。好喜歡他隨著季節變化為我巧妙微調的髮色，每次只要他換一家沙龍，我就跟著轉移陣地。
銀座氣息濃厚的華麗沙龍。

● AIO-N GINZA SALON
http://www.aio-n.com/

Futakotamagawa 04 : TAACOBA

Finish!

為雙手指甲換上
自然又美麗的色彩

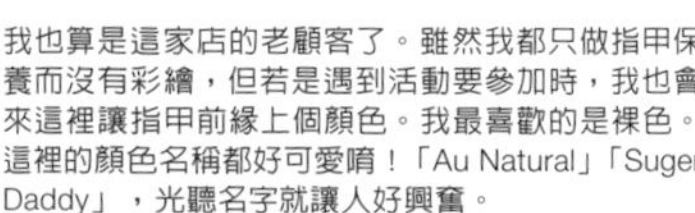

我也算是這家店的老顧客了。雖然我都只做指甲保養而沒有彩繪，但若是遇到活動要參加時，我也會來這裡讓指甲前緣上個顏色。我最喜歡的是裸色。這裡的顏色名稱都好可愛唷！「Au Natural」「Suger Daddy」，光聽名字就讓人好興奮。

● TAACOBA 美甲沙龍
http://www.taacoba.co.jp/

6 ／ 27

保養與美容日，第二天。
去銀座染髮之後，
回到住家附近的美甲沙龍做指甲保養。
即將與大眾見面之前，
我會盡量多花一些時間在美容上。
正式登場的時間近在眼前嘍。

shirt:FRED PERRY
knit:ELFORBR pants:Ron Herman
shoes:HUNTER bag:Ron Herman

6 ／ 28

活動舉辦的前一天。辦好出借手續，開始布置會場。爲了讓大家自由試穿喜歡的服裝，還特地設了試衣間。將野花擺在桌上營造輕鬆悠閒的氣氛。主舞台理所當然是兩座迷你的時尚精品店。

shirt:DEUXIÈME CLASSE tank top:VINCE
jacket:YANUK pants:5
shoes:Repetto bag:ANTEPRIMA

6 ／ 29

不知道「盡情玩樂時尚」這個中心主題是否確實傳達給每一個人？聽見參加者試穿時，看見鏡中自己的剎那「哇，好好看唷！」的歡呼聲，真的很開心。雖然只是個小活動，但我還是要使出渾身解數、全力以赴～

shirt:MUSE camisole:GAP
pants:FRAME shoes:RENÉ CAOVILLA
bag:Anya Hindmarch

6 ／ 30

總是無條件支持我、喜愛著我的女性朋友們。身為主辦人，我捫心自問是否滿足了她們想要知道該如何生活、該做什麼樣的工作、要有什麼樣的髮型、該有什麼樣的魅力……的慾望？我的心遲疑了。

tank top:FilMelange for Ron Herman
pants:BACCA shoes:TOMS
bag:GOLDEN GOOSE

july 7

Blue & Blue

01 TUESDAY

02 WEDNESDAY
16:00 Body Prove

03 THURSDAY

04 FRIDAY

05 SATURDAY

B.D シャツ

06 SUNDAY

07 MONDAY

08 TUESDAY 12:00 ピ

09 WEDNESDAY

10 THURSDAY
12:00 [illegible] ジュエリー
16:00 TAACOBA

11 FRIDAY

12 SATURDAY

13 SUNDAY

14 MONDAY

15 TUESDAY 海に行きたーい

* 作者菊池京子 2014 年穿搭行事曆。

16 WEDNESDAY
11:00 まち合わせ♡

17 THURSDAY

18 FRIDAY

メンズのネクタイ生地みたいで好き

19 SATURDAY

20 SUNDAY

21 MONDAY

22 TUESDAY

Yamanaka

23 WEDNESDAY

24 THURSDAY

25 FRIDAY
15:00 Italiano〜

26 SATURDAY

27 SUNDAY
世田谷美術館
13:00〜

28 MONDAY

29 TUESDAY

30 WEDNESDAY

てくてく。

31 THURSDAY

7 ／ 01

膝蓋以下的部分完全服貼、
現在正流行的彩色緊身褲。
試穿的當下便心花怒放，
覺得整個人都脫胎換骨了。
超級開心！
開拓了我對藍色的視野、豐富衣櫃收藏，
有我的風格卻又充滿新鮮感的藍色世界。

cutsew:SAINT JAMES　pants:ZARA
shoes:L'Artigiano di Brera
bag:Anya Hindmarch

7 ／ 02

悠哉從容起床後的當天下午。隨身只帶了文庫本與手機、錢包，走路去咖啡館。
夏日豔陽從帽間縫隙篩落。
「放輕鬆，別用力。」一邊這樣告訴自己，自在輕快地往前，一步一步。

shirt:Gitman Brothers
short pants:D'agilita
bag:L.L.Bean

7 ／ 03

棉質的九分褲。
我非常喜歡這種能夠隱約窺見腳踝的剪裁。
上衣是 POLO 衫但裝飾了荷葉邊，
不會太甜美，反而顯得帥氣。
傍晚去開會兼反省大會。

polo shirt:FEDELI
pants:PESERICO shoes:Repetto
bag:J&M Davidson

7 ／ 04

攝影 & 採訪結束，晚上與前助理 I 一起吃飯。簡單的藍色 T 恤 × 丹寧褲，樸素簡單的款式超級喜歡。
上個月的疲勞尚未完全消解，所以今天不論是心情或穿著都要舒適自在，讓自己放鬆一下。

t-shirt:three dots
denim:JOE'S JEANS
sandal:havaianas bag:L.L.Bean

7 ／ 05

想找人聊聊，
於是約了姐妹們一起午餐。
沒有完整表達的、還可以做得更好的……
從這次活動的總反省
一路演變成我的牢騷個人秀。
這種時候有朋友陪伴眞好。

shirt:Domingo tank top:JAMES PERSE
parka:THE NORTH FACE skirt:BIANCA EPOCA
sandal:havaianas bag:L.L.Bean

7 ／ 06

薩克斯藍（sax blue）襯衫
搭配領帶材質短褲。
男性化的穿搭套在女性身上
效果非常棒！
去喝一杯美味的咖啡吧！

shirt:Gitman Brothers
short pants:D'agilita
shoes:ZARA bag:L.L.Bean

7／07

寬鬆大襯衫，只有前方塞進腰間。
穿著喜歡的造型來到品牌展示會場，
宣傳單位跟我道謝：「M 雜誌的藍色特輯實在太有趣了。」
這種當下的直接反應，
最令人開心了。

shirt:FRED PERRY
knit:JIL SANDER pants:ZARA
shoes:SEBOY'S bag:J&M Davidson

7／08

無論如何，
夏天的氣息是一天比一天濃厚了。
踩著深藍色的海灘鞋走到青山，
地面的反光更是讓人熱到渾身發燙。
是不是該找一家星巴克
讓自己涼快一下呀……

polo shirt:FEDELI denim:green
sandal:havaianas
bag:ANTEPRIMA

7 ／ 09

大海一般的藍與綠，
穿在身上身心既舒坦又輕鬆。
在熱得像蒸籠的東京，
就讓服裝帶著我雲遊四海吧（笑）。
搭配球鞋，
腳步輕鬆愉快。

sleeveless:ROPÉ mademoiselle
shirt:Domingo skirt:ROPÉ mademoiselle
shoes:CONVERSE bag:L.L.Bean

7 ／ 10

傍晚要去美甲沙龍。
配色雖然和昨天相同，
但今天的綠色只做少許點綴。
另外再加上指甲彩繪，分量大概是如此。
感覺就像是漂浮在水上的綠葉，
亦或是從樹縫間灑落的綠蔭。

shirt:Gitman Brothers knit:ELFORBR
pants:ZARA shoes:L'Artigiano di Brera
bag:L.L.Bean

7／11

彷彿油畫般的印花褲。
自從在雜誌上發表過藍色特輯之後，
即便是較具視覺衝擊的款式，
也能輕鬆搭配出自己的味道。
好久沒下廚了，今天早點回家，
專心做點料理吧。

knit:ELFORBR tank top:JAMES PERSE
pants:ELFORBR shoes:Repetto
bag:ANTEPRIMA

7／12

中午之前來到常去的皮拉提斯教室。
教練說我「肩胛骨變得柔軟多了」，
真是個令人開心的消息。
身體柔軟了，
多餘的壓力釋放了，
相信心靈也會變得更自由。

t-shirt:three dots
pants:PIAZZA SEMPIONE
sandal:havaianas bag:Sans Arcidet

7／13

藍色基底中散發著復古風情的印花，
令我憶起了旅遊義大利時
經常落腳的小旅館。
藍色、水藍與深藍的層疊穿搭。
今天就以這條印花長裙
玩個花樣遊戲吧。

jacket:YANUK tank top:JAMES PERSE
parka:THE NORTH FACE tube Dress:Ron Herman
sandal:havaianas bag:ANTEPRIMA

7／14

做做油壓舒緩疲倦的身體。
回家路上繞去書店，
買了喜歡的寫真集和小說。
明天就帶著它們去咖啡館吧！
「故事」及「某個畫面」
正是激發我靈感的泉源。

shirt:Domingo tank top:JAMES PERSE
knit:ELFORBR pants:ELFORBR
shoes:Repetto bag:ANTEPRIMA

7 ／ 15

在大熱天特意穿上稍稍寬鬆的白襯衫，
就像躺在剛洗好的床單上打滾，
心情格外舒暢美好！
清風拂過身軀的感覺眞棒。

shirt:DEUXIÈME CLASSE camisole:GAP
knit:Johnstons pants:ZARA
shoes:Repetto bag:ANTEPRIMA

7 ／ 16

已經將近一個月不曾約會了，
突然說要一起去鎌倉兜兜風！
海天一色、一望無際的藍非常夏天，
眼前生動的美景
讓雙頰自然地綻放笑容！
好喜歡這樣的驚喜呀。

tank top:FilMelange for Ron Herman
skirt:Ron Herman
shoes:CONVERSE bag:ANTEPRIMA

Favorite Item 04 : SLEEVELESS

簡潔而令人印象深刻的
背心

領口的大小、袖子的開口方式，以及略微寬鬆的身形剪裁，這件 Ron Herman X FillMlange 的背心穿在身上感覺好可愛，於是買了三件不同顏色的相同款式。左頁中與午夜藍長裙的搭配我尤其喜歡。搭配長褲效果同樣棒。光是版型剪裁所營造的氛圍就讓人覺得可愛到不行。

7 ／ 17

昨天在鎌倉曬得略黑的肌膚，
將用來作爲亮點的綠色襯托得更加美麗。
去銀座的咖啡館爲 H 雜誌進行採訪工作。
既然來到銀座，
待會兒順便 window shopping 一下
再回家吧～

t-shirt:JAMES PERSE camisole:UNIQLO
cardigan:ASPESI denim:JOE'S JEANS
shoes:L'Artigiano di Brera

7 ／ 18

從事雜誌相關工作，
中元假期無法休假是常有的事。
因此大後天要回老家住兩天，
提早放暑假回家探親。
要帶什麼點心當伴手禮好呢？

shirt:Gitman Brothers
short pants:D'agilita shoes:ZARA
bag:J&M Davidson

7／19

前幾天剛買的午夜藍長裙，
在略呈褐色的肌膚襯托下更是顯色。
添上銀色飾品與包包，
就變成很有米蘭味、
飽滿奢華的藍色穿搭！

tank top:FilMelange for Ron Herman
skirt:Ron Herman
shoes:GIVENCHY bag:ANTEPRIMA

7／20

今天開始要待在老家。
沿著湖畔散步，
遇見了「吊床咖啡館」。
與姪子兩人買了冰淇淋，
在路上隨興晃晃，偶爾仰頭欣賞
從樹縫間露臉的湛藍晴空。

cutsew:SAINT JAMES
pants:5 shoes:TOMS
bag:GOLDEN GOOSE

7／21

與古銅膚色相映生輝的絲綢藍上衣。
米蘭的女士們騎腳踏車時
經常做這種裝扮。
從巴士車窗遠眺富士山，
返回正等待著我回歸日常生活的東京。
從體內深處徹底煥然一新的心情。

sleeveless:ROPÉ mademoiselle
denim:green shoes:L'Artigiano di Brera
bag:L.L.Bean

7／22

柔軟的 MOTHER 丹寧褲，
以及最近很熱衷的
「只有前端塞入腰間的襯衫」。
簡簡單單，卻散發濃濃
歐洲女性從容自若的氛圍。
悠哉悠哉地閱讀前一陣子買的書。

shirt:FRED PERRY
denim:MOTHER
shoes:Repetto bag:L.L.Bean

7／23

Koma的「琉璃色」披肩，如大海般深邃
的藍不但養眼，也襯托肌膚更美麗。
琉璃色在白 × 海軍藍的搭配中
發揮了點睛效果，
一口氣拉高了藍色的時尚層次。
今天下午之後要去做皮拉提斯。

shirt:Gitman Brothers
short pants:D'agilita
sandal:havaianas bag:L.L.Bean

Column 02 :

Italy

終於要正式進入
義大利語課程了！

一提到我是自學義大利語，身邊的人幾乎都會驚呼「哇！太厲害了！」。如果只是想學一些簡單的會話也就罷了，但為了採訪或去米蘭看秀時能夠獨自處理更多事情，看來我還是要找個老師才行啊～自學也是有缺點的。與義大利人接觸時，總會明顯發覺平常不自覺的一些日本人習慣。Si、No一定要清楚發音呀（笑）。對日本人來說，就是以有點誇張的程度來發音就是了。

7 ／ 24

與 M 雜誌的責任編輯開企劃會議。
時髦的她給了相當正面的回應，
有預感這將會是
深具挑戰性的一篇特輯。
將絲綢上衣穿出休閒風。

sleeveless:ROPÉ mademoiselle
denim:FRAME
sandal:havaianas bag:L.L.Bean

7 ／ 25

再次開始學習荒廢了一陣子的
義大利語課程。
利用穿搭來提振自己的士氣。
Kiton 的襯衫及卡其褲，
完美演繹令人讚嘆、高貴典雅，
十分歐風的藍！

shirt:Kiton
short pants:J BRAND
shoes:TOD'S

7 ／ 26

在米蘭某個小精品店購入的
印花七分褲（Sabrina Pants）。
我對印花褲的熱愛就是從這件褲子開始的。
明亮的海軍藍夏季披肩，
搭配 JOHN SMEDLEY 的針織外套……
非常南法風情的一套穿搭。

cardigan:JOHN SMEDLEY
t-shirt:ZARA pants:PIAZZA SEMPIONE
shoes:Repetto bag:J&M Davidson

7 ／ 27

和朋友約了一起午餐，往世田谷美術館出發。樹蔭下的露天座位眞是舒服呀～
海軍藍爲主調的穿搭配上平底鞋，完全是義大利風。因爲今天的女性友人們，都好喜歡義大利！

knit jacket:45R t-shirt:VINCE
skirt:BIANCA EPOCA
shoes:TOD'S bag:J&M Davidson

7 ／ 28

7 ／ 29

煮好美味的咖啡，
在家裡進行電話重點摘要。
原來那個品牌有那種東西呀？
對於展示會的記憶又重新被喚回了。
午休時間去附近的咖啡館。
在盤起的慵懶髮型上，加了一頂帽子。

t-shirt:ZARA skirt:CARVEN
shoes:Repetto
bag:ANTEPRIMA

爲我的連載專輯幫了許多大忙的
H 雜誌編輯，
前去參加她的婚禮。
以 Tiffany 的珍珠項鍊爲主角，
搭配雪紡紗上衣 × 七分褲。
主題是：我的奧黛麗．赫本。

blouse:HARRODS
pants:GRAPHIT LAUNCH
shoes:Repetto bag: Anya Hindmarch

7 / 30

整個世界爲了煙火大會沸騰了起來，
我看到好多好多穿著浴衣的女性。
與三位友人一起去麻布
有著美麗露天座位的餐廳。
夏天的晚上，眞是太棒了。
舉起沁涼的白酒，乾杯！

tank top:FilMelange for Ron Herman
skirt:Ron Herman shirt:Domingo
shoes:L'Artigiano di Brera bag:Anya Hindmarch

7 / 31

已經是暑假的最後一天，但感覺上好
像提早了一個月結束。
去沙龍做臉、精油按摩，爲即將開始
忙碌的明天做好準備。
事先準備好是對的，將身心清理乾淨，
力量才能源源而出。

blouse:ALPHA denim:AG
shoes:LUCA
bag:Sans Arcidet

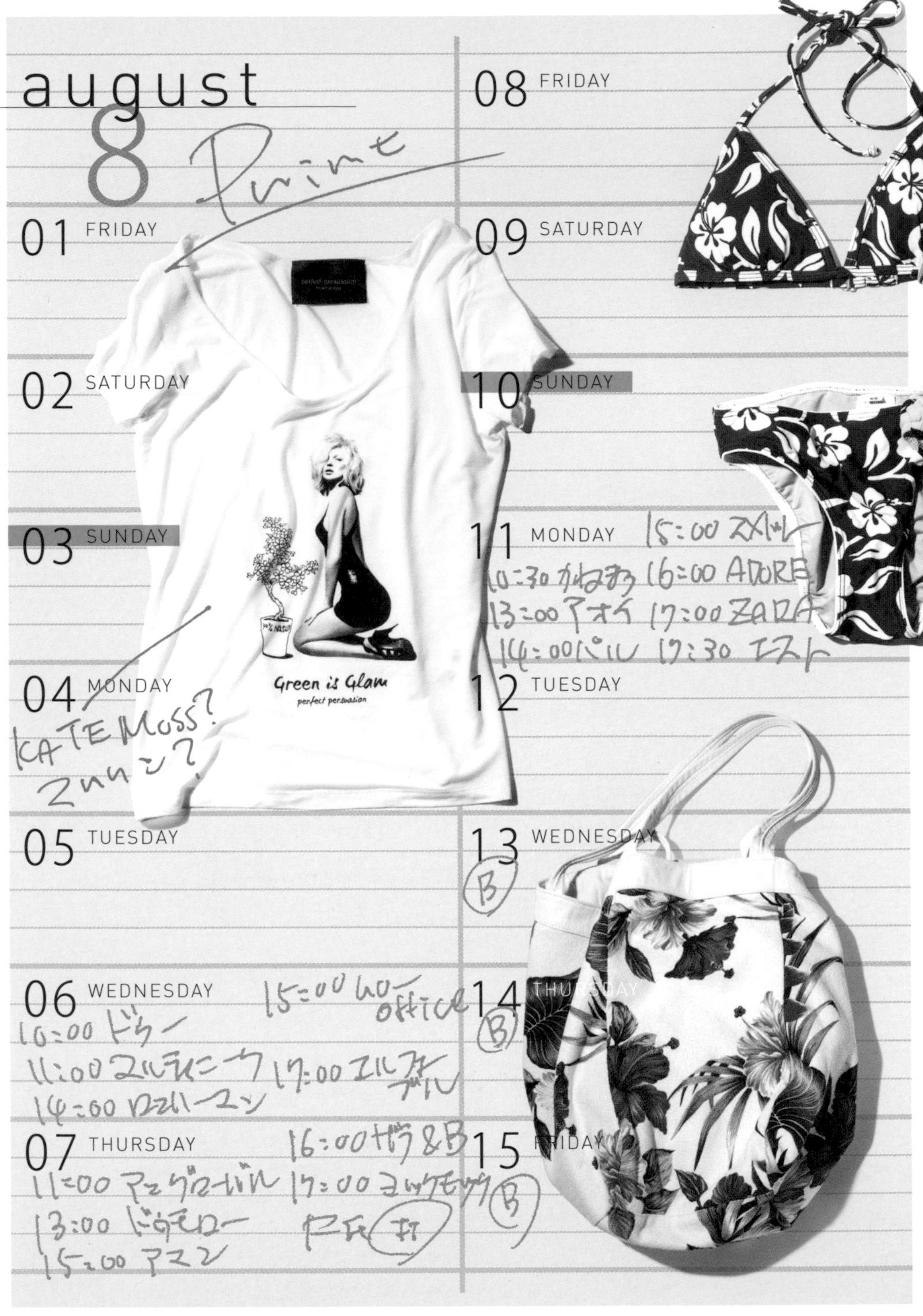
august
8
Print
01 FRIDAY
02 SATURDAY
03 SUNDAY
04 MONDAY
KATE Moss?
モンロー?
05 TUESDAY
06 WEDNESDAY
07 THURSDAY
08 FRIDAY
09 SATURDAY
10 SUNDAY
11 MONDAY
12 TUESDAY
13 WEDNESDAY
14 THURSDAY
15 FRIDAY
Green is Glam
perfect persuasion
ADORE
ZARA
OFFICE

* 作者菊池京子 2014 年穿搭行事曆。

16 SATURDAY
17 SUNDAY
18 MONDAY
19 TUESDAY
20 WEDNESDAY
21 THURSDAY
22 FRIDAY
23 SATURDAY
24 SUNDAY
PRADAの
25 MONDAY
26 TUESDAY
27 WEDNESDAY
web
28 THURSDAY
ROPÉ
29 FRIDAY
30 SATURDAY
31 SUNDAY
wari

8 ／ 01

大熱天時穿起來特別舒適透氣的
L'Appartement 寬鬆襯衫，
與從襯衫下襬微微露出的梯形短裙
形成絕佳的平衡感。
兼具「成熟大人不必套上絲襪
也敢穿出門的迷你裙」
絕對必要的大膽與高雅感。

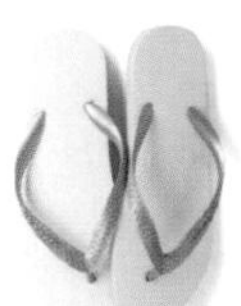

shirt:L'Appartement
skirt:ZARA
shoes:havaianas bag:A.I.P

8 ／ 02

他就站在視線的彼端，朝著他緩緩接近。
這種「等待」的距離感眞令人臉紅心跳。盡情享受戀愛的感覺吧！
就讓衣裝形塑出內心的小女人，不需珠寶陪襯，一件大理花裙就足以凸顯自己是多麼與衆不同。

knit:ZARA
skirt:PRADA
bag:Anya Hindmarch

8 ／ 03

與超級麻吉的女性友人結伴
去鎌倉的旅館待上一天！
雖然沒時間出國，
還是要努力把握夏日時光，樂在其中。
色澤飽滿的卡其裙及略寬鬆合身上衣
的兩件式穿搭。

tank top:FilMelange for Ron Herman
skirt:Des Prés shoes:GIVENCHY
bag:GOLDEN GOOSE

8 ／ 04

散步到海邊，在面海的餐廳吃飯。
熱鬧的海灘，此起彼落的浪濤聲。
很適合陽光的粉紅色泳衣，
及具有濃濃歐洲風情的
棕色針織外套。

cardigan:JOHN SMEDLEY pants:J BRAND
swimwear:North Shore Swimwear
sandal:havaianas bag:ANTEPRIMA

8 ／ 05

在夏天的海灘邊看夕陽。
對我來說，這已經是跳脫日常、十分特別的經驗了。「如果是在薩丁尼亞島就更好了！」樹蔭下我單手端著雞尾酒，和女性友人們熱烈地妳一言我一句。
多麼美好的暑休時光呀。

blouse:Bagutta
swimwear:Pualani Hawaii skirt:ZARA
sandal:havaianas bag:ANTEPRIMA

8 ／ 06

和 check in 時唯一的不同
就只有上衣的顏色。
提早過的暑休假期到此結束了。
早上 check out 之後就直接回到我的工作大本營——表參道區。
洽談商借事宜。

tank top:FilMelange for Ron Herman
skirt:Des Prés shoes:GIVENCHY
bag:GOLDEN GOOSE

8 ／ 07

馬不停蹄周旋於各個新裝展示間，
不斷 check 各家的最新款式。
針織衫是借來的，鞋子是 ……
以前總覺得口袋工作褲才能散發出
工作氣氛，沒想到大人風迷彩 T 恤，
效果也意外的好。

t-shirt:ROPÉ mademoiselle
skirt:ZARA shoes:GIVENCHY
bag:GOLDEN GOOSE

8 ／ 08

在各式各樣的白襯衫穿搭中，
這套寬鬆襯衫 × 裙子的搭配，
散發著性感氣息。
下週起許多品牌即將進入中元假期，
所以今天必須卯起來四處奔走，
商借需要的道具。

shirt:L'Appartement skirt:ZARA
shoes:RENÉ CAOVILLA
bag:A.I.P

8 ／ 09

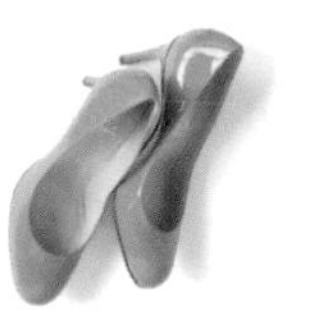

星期六，在表參道的咖啡館具體演練服裝搭配。適度的嘈雜最能夠提供腦袋良好的刺激。
被陽光曬得古銅的裸足 × 裸色低跟鞋。
感覺就像凱特．摩絲一樣帥氣，
一樣可愛。

cardigan:Letroyes
t-shirt:Perfect Persuasion skirt:HARRODS
shoes:Christian Louboutin bag:ANTEPRIMA

8 ／ 10

簡單的棉質襯衫，把袖子率性地捲起來，
一整天就穿這樣四處奔走。
在冷氣超強的室內，
就稍微圍上愛馬仕披肩。
只有女生才能如此自由隨興的變化，
這樣的搭配我超級喜歡。

shirt:DEUXIÈME CLASSE
skirt:PRADA shoes:TOD'S
bag:GOLDEN GOOSE

Favorite Item 05：MINI SKIRT

平淡無奇卻超級百搭的
梯形迷你裙

很久以前在 ZARA 買的棕色梯形裙。
曾經因為當年不流行或者沒有搭配的慾望而閒置了一段時間，老實說，有好幾次想過是否就將這件單品束之高閣了。但是這種簡潔的梯形剪裁卻出乎意料地罕見，結果今年感覺它又即將不時出現在我的穿搭之中。這種專屬大人夏天的棕色，依舊令人愛不釋手啊。

8 ／ 11

今天同樣一大早就奔波於數家新裝展示間。
令人元氣十足的黃色，從珠寶首飾、
格紋襯衫到包包，
各個角落都試著沾點黃色，
連長褲也是挑選帶有黃色的米色系，
就是要自己一身上下都是黃！

t-shirt:VINCE shirt:L'Appartement
camisole:GAP denim:αA
sandal:havaianas bag:TOD'S

8 ／ 12

目前經常出現在穿搭中的梯形迷你裙，
今日的搭檔是 Gitmam Brothers 的 BD
襯衫。這是白襯衫中最能展現男孩氣息
的一件。順利借調之後，接著再與 2 位
攝影師見面商談。
轉眼之間，一天就這麼結束了～

shirt:Gitman Brothers
knit:JIL SANDER skirt:ZARA
shoes:TOD'S bag:TOD'S

8／13

看中的S牌外套，被同一天拍攝
的另一本雜誌預約借走了。
唔～嗯。
像這樣的競爭稀鬆平常。
斬釘截鐵的黃色，十分契合今天
必須全力迎戰的心情。

yellow tank top:ZARA
white tanktop:JAMES PERSE skirt:Des Prés
sandal:havaianas bag:Sans Arcidet

8／14

和負責開外景車的司機H君，
不停整理商借來的洋裝及飾品！
眞謝謝他總是在車上
事先準備了香醇的咖啡。
今天的穿搭也是一身咖啡色唷。

knit:JIL SANDER
tank top:JAMES PERSE skirt:ZARA
shoes:TOD'S bag:TOD'S

8 ／ 15

繼續整理衣物。
之前考慮了老半天後
決定放棄的那雙鞋，
結果還是又跑去商借。
晚上匆匆忙忙硬是趕回老家去，
因爲明天一早必須出席法會。

t-shirt:ROPÉ mademoiselle
pants:BACCA sandal:havaianas
bag:ANTEPRIMA

8 ／ 16

法會一結束，立刻又急急忙忙
自涼爽的老家回到酷熱的東京。
下週就要驗收了，
我窩在 S 公司的造型試衣間
爲每套穿搭進行最後的確認。
集中！集中精神哪！

tank top:FilMelange for Ron Herman
shirt:DEUXIÈME CLASSE skirt:PRADA
sandal:FABIO RUSCONI bag:ANTEPRIMA

8 ／ 17

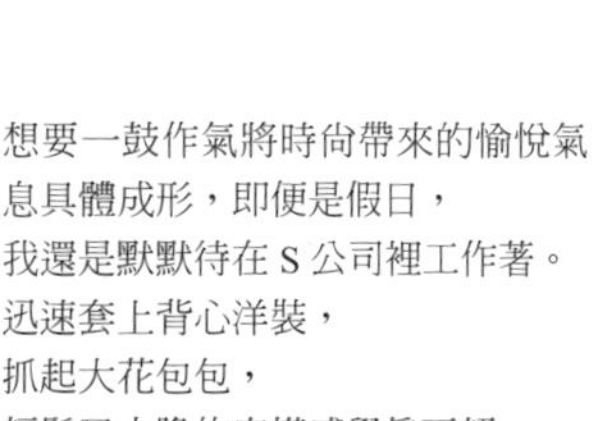

想要一鼓作氣將時尚帶來的愉悅氣
息具體成形，即便是假日，
我還是默默待在 S 公司裡工作著。
迅速套上背心洋裝，
抓起大花包包，
輕鬆又大膽的穿搭感覺真不賴。

one-piece:Alexander Wang
sandal:FABIO RUSCONI
bag:A.I.P

8 ／ 18

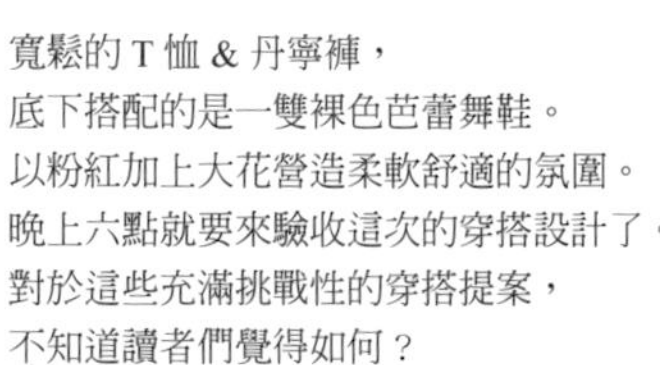

寬鬆的 T 恤 & 丹寧褲，
底下搭配的是一雙裸色芭蕾舞鞋。
以粉紅加上大花營造柔軟舒適的氛圍。
晚上六點就要來驗收這次的穿搭設計了。
對於這些充滿挑戰性的穿搭提案，
不知道讀者們覺得如何？

t-shirt:VINCE
denim:MOTHER cardigan:kier+j
shoes:LUCA bag:A.I.P

8 ／ 19

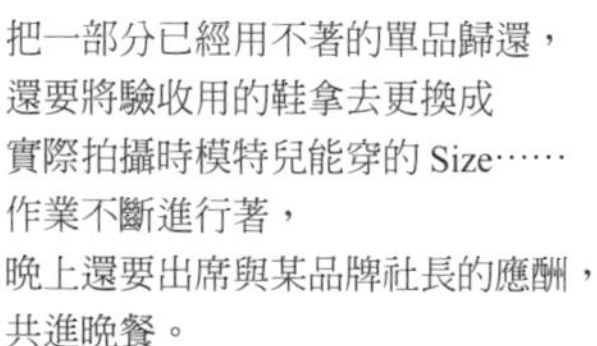

把一部分已經用不著的單品歸還，
還要將驗收用的鞋拿去更換成
實際拍攝時模特兒能穿的 Size……
作業不斷進行著，
晚上還要出席與某品牌社長的應酬，
共進晚餐。

tank top:FilMelange for Ron Herman
skirt:PRADA shoes:GIVENCHY
bag:ANTEPRIMA

8 ／ 20

拍攝前一天。
核對著清單與物件的數量。
將外景拍攝時要使用的物品、
商品攝影用的物品及備用的道具……
一一進行最後確認，避免屆時出錯。
迷彩 × 工作褲，工作氣氛滿點。

t-shirt:ROPÉ mademoiselle
knit:JIL SANDER pants:green
sandal:havaianas bag:TOD'S

8 ／ 21

在青山某條不起眼的小道，
特地以類似 VOGUE 街拍的方式
爲三位模特兒進行拍攝工作。
透過這三個人的三種個性與三種表現，
於是每套穿搭也有了自己的靈魂。

t-shirt:Perfect Persuasion
denim:SUPERFINE
shoes:LUCA bag: ANTEPRIMA

8 ／ 22

大襯衫 × 寬鬆丹寧褲，
是我認爲最具米蘭女性日常風情的穿搭。
男生 Size 的襯衫套在女生身上
形成的失衡感，
卻更顯得華麗 & 性感！
就是想要穿出這種氛圍。

shirt:L'Appartement
denim:JOE'S JEANS
sandal:havaianas bag:A.I.P

8 ／ 23

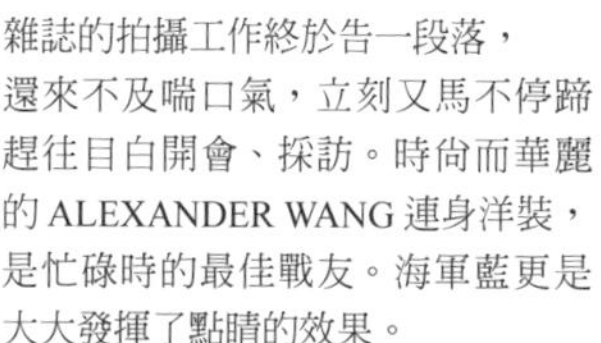

雜誌的拍攝工作終於告一段落，
還來不及喘口氣，立刻又馬不停蹄
趕往目白開會、採訪。時尚而華麗
的 ALEXANDER WANG 連身洋裝，
是忙碌時的最佳戰友。海軍藍更是
大大發揮了點睛的效果。

one-piece:Alexander Wang
sandal:havaianas
bag:A.I.P

8 ／ 24

皇居附近 PALACE HOTEL 的露台
是我非常喜歡的地方，
面對著護城河，
享受舒適的徐徐微風。
越是單純的工作，
就越是需要選擇在優雅的場所進行呀。

shirt:L'Appartement
skirt:PRADA camisole:UNIQLO
shoes:TOMS bag:L.L.bean

8 / 25

義大利語老師邀請我去參加家庭派對。
以義大利語交談，一邊做義大利料理，
眞是一種開心卻也相當斯巴達的
大膽嘗試呢。
「Cominciamo！（好，開始吧！）」

one-piece:Alexander Wang
shoes:Repetto
bag:Anya Hindmarch

8 / 26

在事務所爲官網中的 K.K Report
網頁所選用的品牌進行攝影的
準備工作。
後天就要和義大利總公司的社長
進行面談了，哎呀～
我得多加練習義大利語才行啊！

t-shirt:Perfect Persuasion
denim:FRAME shoes:TOMS
bag:ANTEPRIMA

8 / 27

今天要爲輕如鴻毛的運動 & 優雅風
羽絨外套進行拍攝工作。
結束之後，要爲明天的面試做好準備。
襯衫 × 短褲，
中規中矩中融入運動氣氛的穿搭，
義大利味十足。

blouse:GALERIE VIE camisole:GAP
cardigan:JOHN SMEDLEY short pants:SLAM
shoes:TOD'S bag:J&M Davidson

Column 03 :

Aroma Oil

轉換情緒、沉澱心靈的開關！

為穿搭設計或企劃案忙得焦頭爛額，非常需要大幅度轉換心情、徹底放鬆時，我的第一選擇絕對是天然精油。我的包包裡隨時都帶著幾瓶精油，一有需要馬上就使用。夏天的時候，我最喜歡在浴缸裡滴入幾滴薄荷精油，直竄腦門的透心涼將疲勞一掃而空，擦去汗水之後通體舒爽，頭腦也順利地再度切換回工作模式。

8 / 28

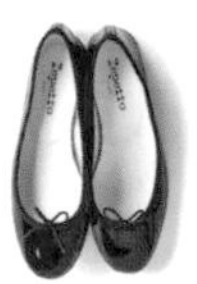

與義大利籍社長見面，
這次應該是第十幾次了吧……
畢竟是在飯店的露天座，
我捨棄了 T 恤，
換上針織材質的背心上衣，
露出肩膀的穿搭更顯優雅。

knit:ZARA skirt:PRADA
shoes:Repetto
bag:Anya Hindmarch

8 / 29

八月就只有一個忙字！
今天趁著難得的空檔
去看了喜歡的攝影展，
接著泡在咖啡館，
喝杯現煮咖啡歇一口氣。
啊～夏天即將結束了呀。

cardigan:JOHN SMEDLEY
t-shirt:ZARA skirt:CINQUANTA
Shoes:Pretty Ballerinas bag:Sans Arcidet

8 ／ 30

傷腦筋！
面對九月下旬即將登場的米蘭時裝秀，
我得好好準備向眾家品牌
提出入場申請書，
下週一定要傳眞交件啊。
一整天都在忙著案頭作業。

one-piece:BLANC basque
cardigan:JOHN SMEDLEY
shoes:Repetto bag:L.L.Bean

8 ／ 31

時裝秀的入場申請已經展開，
流行趨勢也即將吹起秋風！
雖然天氣依舊炎熱，
時尚魂卻早已朝秋冬新裝飛奔而去。
難熬的八月，
總算是順利度過了。

blouse:αA camisole:GAP
half pants:CIMARRON
sandal:ROBERTO DEL CARLO

* 作者菊池京子 2014 年穿搭行事曆。

16 TUESDAY
17 WEDNESDAY
18 THURSDAY
9:00
Narita 12:50
Malpensa 18:35
19 FRIDAY
20 SATURDAY
21 SUNDAY
22 MONDAY
23 TUESDAY
Herno
Ante
24 WEDNESDAY
25 THURSDAY
26 FRIDAY
お土産
27 SATURDAY
28 SUNDAY
29 MONDAY
Malpensa 14:30
30 TUESDAY
Narita 10:30

9 ／ 01

一身上下都是炭灰色的清一色穿搭，
再利用珠寶與手拿包來強化視覺。
透過單一色調來轉換心境。
氣溫還停留在炙熱的夏季，
但心情卻該是轉入秋冬模式的時候了。
爲即將到來的時裝秀暖身。

tank top:Alexander Wang camisole:UNIQLO
cardigan:JOHN SMEDLEY pants:BACCA
shoes:Repetto bag:PotioR

9／02

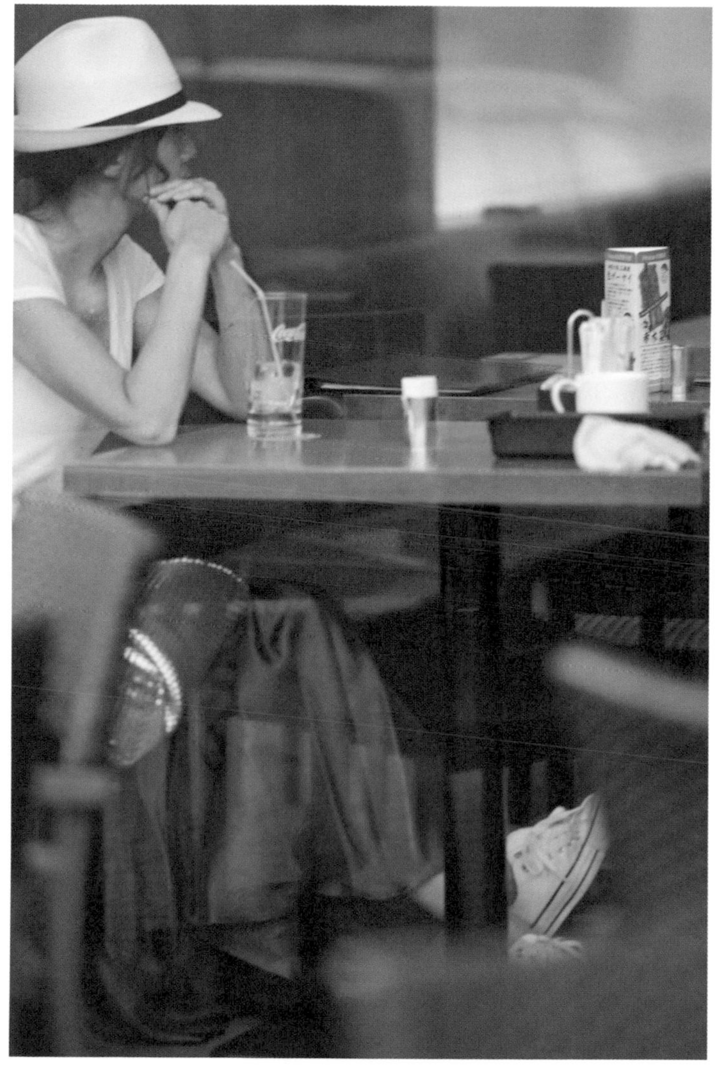

外頭是殘暑高溫的下午一點。
等對方一起午餐等得有點煩躁了。
今天挑了這件稍有光澤感的柔軟長裙，彷彿夏末的風一般舒適宜人，正好搭配我的白色 T 恤。

t-shirt:JAMES PERSE
skirt:Ron Herman
shoes:CONVERSE bag:ANTEPRIMA

9／03

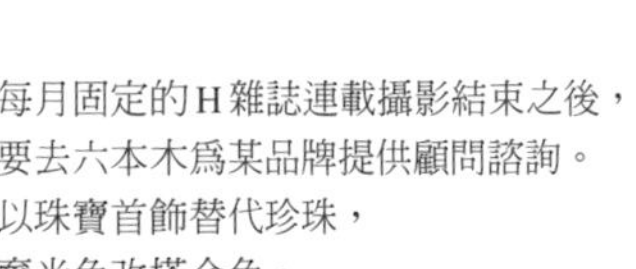

每月固定的H雜誌連載攝影結束之後，
要去六本木爲某品牌提供顧問諮詢。
以珠寶首飾替代珍珠，
棄米色改搭金色，
非常的秋天氣氛。

tank top:FilMelange for Ron Herman
cardigan:Rie Miller pants:Banana Republic
sandal:havaianas bag:ANTEPRIMA

9／04

米蘭時裝秀的入場申請書終於搞定～
接下來只要將它們傳眞給各家公司就
行了。
今天特別想上美髮沙龍，
只是當天才預約，
應該排不進去吧。

tank top:FilMelange for Ron Herman
pants:AG shoes:GIVENCHY
bag:ANTEPRIMA

9 ／ 05

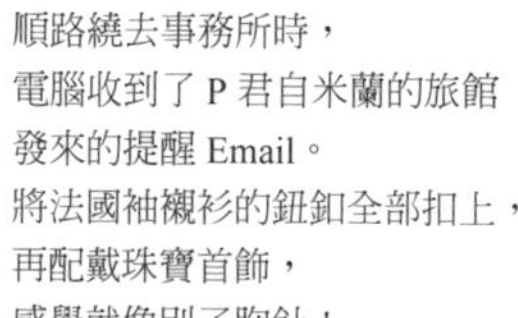

順路繞去事務所時，
電腦收到了 P 君自米蘭的旅館
發來的提醒 Email。
將法國袖襯衫的鈕釦全部扣上，
再配戴珠寶首飾，
感覺就像別了胸針！

shirt:LAPIS LUCE　pants:BLANC basque
sandal:LOEFFLER RANDALL
bag:ANTEPRIMA

9 ／ 06

在深深淺淺的灰色當中
特意加上對比的金色。
昨天是長褲，今天則是以裙裝登場。
今日的主題是銀 × 金。
不以黑色來集中視覺，而是加入了一
抹亮光。如此震撼，前所未有！

one-piece:BLANC basque
sandal:havaianas
bag:ANTEPRIMA

9／07

藝術指導 F 氏要帶我去一家
有供應美味紅酒的地方。
特地利用 T 恤來營造優雅氛圍。
以帶點垂墜感的材質搭配 ERICKSON
BEAMON，一配上珠寶首飾，T 恤瞬
間變身成軟質襯衫！

t-shirt:VINCE camisole:GAP
pants:FRAME shoes:RENÉ CAOVILLA
bag:Anya Hindmarch

9／08

以金色外套取代米色披肩。
不同光澤質感的堆疊。
珠寶飾品與貼頸領口的搭配，
是對於賈姬配戴珍珠的延伸聯想。
就是喜歡模仿她的高貴優雅。

one-piece:Alexander Wang
cardigan:Rie Miller shoes:Repetto
bag:Anya Hindmarch

9 ／ 09

好久不曾來上野了，
前天好友推薦，
於是今天來看米開朗基羅展。
雖然不是經常來，
沉浸在畫作的震撼裡，
也是一種非常好的刺激。

tank top:FilMelange for Ron Herman
cardigan:Rie Miller pants:Banana Republic
shoes:Repetto bag:ANTEPRIMA

9 ／ 10

穿上材質非常舒適的灰色連身洋裝
去二子玉川逛街。
添購了一只 RIMOWA 的登機箱，
準備去米蘭時使用。
大熱天穿著連身洋裝，
眞是舒服呀。

one-piece:BLANC basque
tong:FABIO RUSCONI
bag:ANTEPRIMA

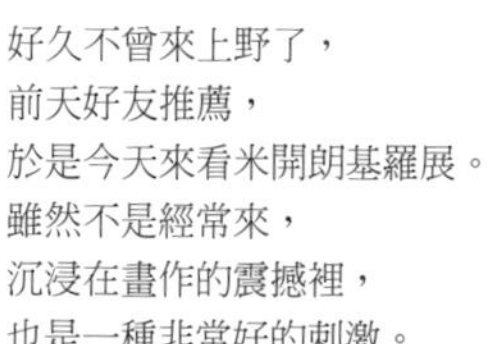

9／11

與 H 雜誌的主編一起去銀座。
因為是在飯店裡吃午間套餐，
將包包寄放之後只帶著手拿包就座。
考慮到高級飯店的氣氛，
搭配珍珠項鍊來呼應針織外套的光澤感，
營造出類似珠寶的效果。

cardigan:Rie Miller blouse:ROPÉ mademoiselle
pants:Banana Republic shoes:L'Artigiano di Brera
white bag:J&M Davidson bag: Anya Hindmarch

9／12

相較於八月經常露臉的印花包，
目前最常出場的是帶金屬感的包包及珠寶飾品。換個小配件，整體穿搭所散發的氛圍也截然不同。
雖然天氣依舊很熱，
時尚感還是一定要的啊！

shirt:L'Appartement
tank top:VINCE skirt:ZARA
shoes:RENÉ CAOVILLA bag:ANTEPRIMA

9／13

在「BLUE NOTE」的晚餐約會。
吸睛且充滿時尚感的豹紋，
這可是我琢磨許久才找到的裙子。
雖然無色彩，
卻流露著令人無法忽視的奢華感，
這就是當季最新鮮的秋冬時尚。

shirt:DEUXIÈME CLASSE camisole:GAP
skirt:DEUXIÈME CLASSE
shoes:JIMMY CHOO bag:ANTEPRIMA

9／14

白、黑、棕。
簡潔的配色搭配太陽眼鏡及包包，
非常有個性的假日穿搭。
今天要出門買東西，
要不要順便看場義大利電影，
鍛鍊一下聽力呢？

black tank top:THE ROW
tank top:JAMES PERSE skirt:CARVEN
shoes:Repetto bag:ANTEPRIMA

9／15

去採買準備帶去米蘭的食物。
為長久以來的工作夥伴
義大利籍攝影師，
以及日籍的服裝造型師夫妻檔，
買好他們喜歡的日式食品。
以運動風呈現這件十分有特色的裙子。

parka:MUJIRUSHIRYOHIN
tank top:JAMES PERSE skirt:PRADA
shoes:Repetto bag:ANTEPRIMA

9／16

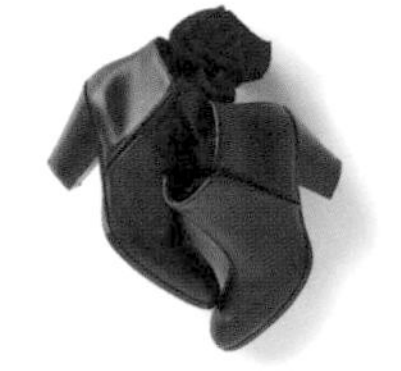

結束出發之前的最後一項工作——
與某品牌公司的會議之後，
找一家咖啡館喝喝咖啡、小歇片刻，
順便看一下 Email。
再次確認各品牌產品經理的下榻飯店，
以及他們的當地手機號碼等訊息。

knit:mai skirt:DEUXIÈME CLASSE
shoes:JIMMY CHOO
bag:ANTEPRIMA

9 ／ 17

Favorite Item 06 :

BRACELETS

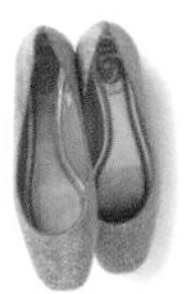

今天得早點回家打包行李。
心裡還在這麼盤算時，電話響了。
出缺席的最終確認，
當地的氣象資料。
是該帶著冬季材質的連身洋裝，
還是夏季質料的連身洋裝呢……

shirt:DEUXIÈME CLASSE
knit:JIL SANDER skirt:ZARA
shoes:RENÉ CAOVILLA bag:ANTEPRIMA

我的護身符。氣質大不同的 2 條單鑽手鍊

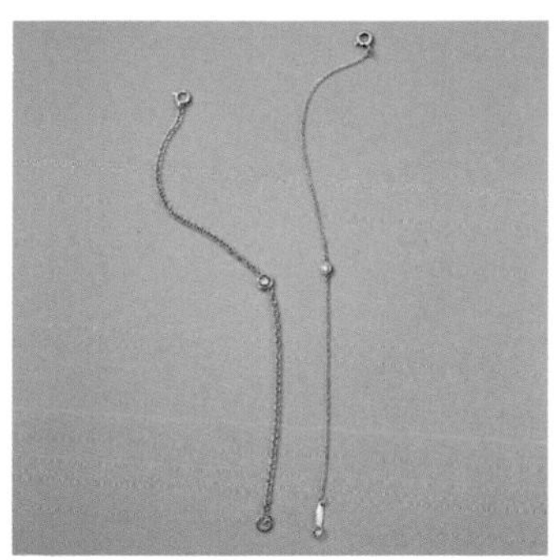

照片左邊的是 hum，右邊的是 Tiffany 手鍊。鑲著單鑽的手鍊，乍看之下頗為相似的設計，散發的氣質卻截然不同。hum 的手鍊是帶點綠的金色，復古氣味濃厚。Tiffany 的手鍊設計真是可愛極了。有時我會兩條同時搭配，偶爾則讓它們單獨登場。完全不搶服裝風采的低調作風，所以我總是讓這閃爍著微小光芒的護身符貼身相隨。

9／18

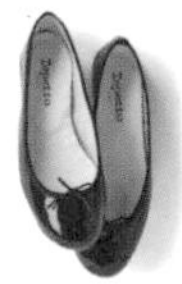

12：20，我登上了義大利航空的班機。
爲了不愛搭飛機的我，
他總是貼心地準備了書，「上了飛機
就打開來看吧」。
這一次，我從包包拿出來的是……
《避免焦躁的方法》，喂！

cardigan:JOHN SMEDLEY tank top:Alexander Wang
camisole:UNIQLO pants:BACCA shoes:Repetto
bag:GOLDEN GOOSE carry case:RIMOWA

9／19

抵達目的地後，
我的時裝秀首站是 GUCCI。
每次觀看自由設計師的作品
都讓我的內心澎湃不已！
一看到喜歡的造型或感想，
馬上寫在筆記本上。

one-piece:Alexander Wang
shoes:Repetto
bag:Anya Hindmarch

9 ／ 20

觀賞時裝秀時的服裝基本上
都是全黑的造型。
不帶絲毫的主觀意識，
完全以旁觀者的角度來參與這場盛宴。
坐在當地的巴士裡，
發了生日快樂的簡訊給在日本的外甥。

cardigan:sacai short pants:KiwaSylphy
shoes:GIVENCHY
bag:GOLDEN GOOSE

9 ／ 21

剪裁獨特又可愛的絲綢連身洋裝，
頸部纏上絲巾做出類似高領的效果。
BOTTEGA VENETA、Roberto Cavalli、
JIL SANDER……
看服裝秀的中間空檔，
就周遊各個展示會或街頭觀察！

one-piece:Alexander Wang
shoes:GIVENCHY
bag:GOLDEN GOOSE

9 ／ 22

這件是剪裁我很喜歡的背心洋裝。
今天走的路線是利用秋冬材質呈現時尚感，底下則套上襪子製造短靴效果。
結束今天的採訪工作後，
與義大利品牌的社長見面吃飯。
無花果、生火腿……人間美味呀！

one-piece:YOKO CHAN cardigan:sacai
shoes:GIUSEPPE ZANOTTI
bag:GOLDEN GOOSE

9 ／ 23

疲倦的上午，戴著眼鏡輕鬆一下。
我發現了一直都有 FOLLOW 的倫敦時尚部落客。隨興拍了幾張照片，
沒想到一轉眼就到了開演時間！
我完全無法走到我的座位！
只好擠在人群裡認眞地站著觀看。

cardigan:sacai one-piece:Alexander Wang
shoes:GIUSEPPE ZANOTTI
bag:Anya Hindmarch

9／24

主要的時裝秀到昨天結束，
終於能夠回到街上，
捕捉米蘭街頭的日常表情。
石板路、咖啡香，花店……
輕盈的軟質襯衫及平底鞋。
點綴些許豹紋製造視覺亮點。

blouse:Drawer pants:Drawer
shoes:PIERRE HARDY
bag:GOLDEN GOOSE

9／25

看起來好像迷你裙、材質相當柔軟的短褲，搭配平常的條紋上衣。腳上搭配的是氣質高雅的運動風皮質球鞋。
充滿自我風格又能讓我輕鬆悠遊米蘭街頭的衣裝。
今天要去找找送給M雜誌讀者的禮物。

cutsew:SAINT JAMES
short pants:KiwaSylphy
shoes:GIVENCHY bag:ANTEPRIMA

9 ／ 26

尋找送給讀者的禮物第二天。
腰圍寬鬆、往下逐漸收窄的
摩登絲質長褲，
搭配材質類似軟質襯衫、
具垂吊感的背心上衣。
穿戴上最近很喜歡的圓形耳環及鞋子，
打造氣質優雅且
完全屬於我個人的米蘭風格。

blouse:MUSE pants:Drawer
shoes:PIERRE HARDY
bag:GOLDEN GOOSE

Map 03 : Favorite Shop in Milano

從下榻旅館出發的散步路線：Corso Genova 上的推薦商店

01:KITCHEN

雖然用不著也不想買，
逛起來卻十分有趣！

如同其名，這是一家販售果汁榨汁機、
煮義大利麵的攪拌棒等等
各種可愛廚房用具的商店。
光是看看這些可愛的小東西，就讓人熱血沸騰。
只是價格實在太昂貴，我什麼都沒買（笑）。
經過這條路時，忍不住就被吸引進去了。

05:SUPINO

基本上是人手一整模的
手工蛋糕店！

展示櫃裡一排一排的蛋糕，
陸續被當地人當伴手禮或帶回家與家人共享
而一整模一整模地買走了。
如此大手筆，不愧是義大利人！
有米蘭人邀請我去作客時，我也是帶了這家店的蛋糕。
手工製作的蛋糕，既溫馨又美味。

01:KITCHEN

Via Edomondo de Amicis

05:SUPINO

03:BIFFI

04:TREVISAN&CO.

Via Cesare de Sesto

Corso Genova

02:CUCCHI

02:CUCCHI

在露天咖啡座喝喝茶，
或者外帶義式三明治

店家純手工調理的義式三明治
及咖啡真是絕品。
從店鋪門口經過，誘人的香～氣撲鼻而來。
觀賞時裝秀的期間很難好好坐下來
吃一頓午餐，所以大多從這裡外帶。
九月的米蘭，露天之下喝杯茶，
也是一種享受。

03:BIFFI

包括高級訂製品牌
霸氣十足的造型提案

米蘭著名的複合式精品店之一。
櫥窗擺設實在太有趣，令人忍不住駐足欣賞。
這裡甚至可以找到 Stella McCartney、
MARUNI 的單品，
店內處處可見最新時尚的造型提案。
不知道現在正流行什麼嗎？
來這家店就對了。

04:TREVISAN&CO.

融合時尚及品味的
精品時裝老店

一走進店裡，打扮時髦的女士或先生立刻露出
專業又有禮的表情，提供最高品質的服務。
這裡的時尚氛圍不同於 BIFFI，
提供的是古典雅致型態的精品。
既然來到了米蘭，
能和時髦的米蘭人面對面交流，也是一件趣事。

9 ／ 27

收緊貼合的領口。
鬆緊恰到好處、簡單俐落的造型。
帶點復古風情、剪裁獨特的連身洋裝，
肩膀再裹上奢華的披肩。
與攝影師一起在咖啡館挑選拍好的照片。

one-piece:Alexander Wang
shoes:PIERRE HARDY
bag:Anya Hindmarch

9 ／ 28

終於到了待在米蘭的最後一天。
欣賞了時裝秀，看過了展示會，也觀察了這裡的人們，我貪婪地大口呼吸這座城市的空氣，努力享受這段人生。心情宛如新生，讓我有了繼續樂在時尚的動力。

cutsew:SAINT JAMES
pants:Drawer shoes:GIVENCHY
bag:ANTEPRIMA

9／29

Ciao，Milano！
從馬爾彭薩機場飛回成田，
又到了最痛苦的搭機時刻（苦笑）。
穿上與來時相同的抽繩褲，既不易起皺、看起來又有型，實在太方便了。
下次舊地重遊，將是明年二月了吧。

knit:mai pants:BACCA
shoes:Repetto bag:GOLDEN GOOSE
carry case:RIMOWA

9／30

經過了換日線，
東京是三十日。
先回家將重要的衣物整理送洗，
順便去採買晚餐的食材。
空氣開始轉涼，
秋季時尚眼看也即將到來。

trainer:House of 950
pants:FRAME shoes:Repetto
bag:ANTEPRIMA

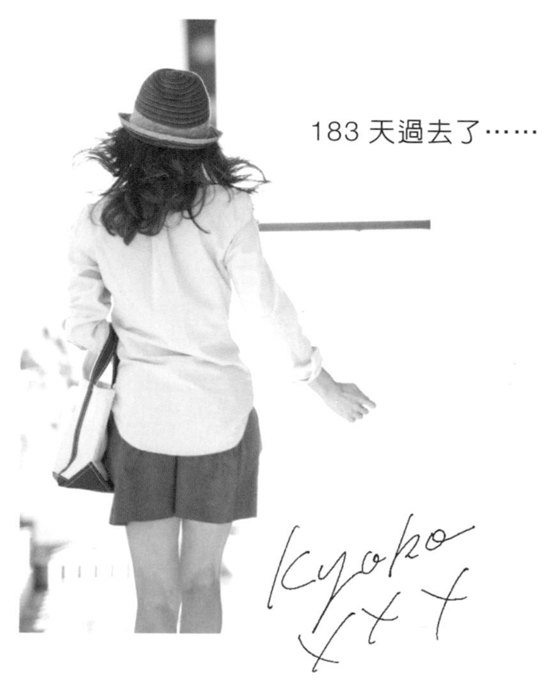
183 天過去了……
kyoko

epilogue

從 4/1 到 9/30。這些春夏季的穿搭，大家覺得如何呢？
日復一日看似稀鬆平常的「選衣、穿衣」，
當中其實潛藏著各式各樣的「情緒」。
這不是我一個人的故事，
而是身爲同時代的女性，期待這些能與諸位的日常生活取得共鳴，
若能進一步成爲您的穿搭靈感，
將是我最開心的事。

公開我個人穿搭訊息的網站「K.K closet」，
成立已經是兩年前的事。
這是我第一次嘗試密集公開我所有的私服穿搭，
其間各種酸甜苦辣眞是應有盡有（笑）。
多虧各位讀者及網友們不斷瀏覽網頁，
才讓這個原本只是一個自行在網路上摸索的企劃案得以順利成書出版，
眞的非常感謝大家的熱情支持與肯定！
至於未能刊載於書中的飾品及小物品牌名稱，
官網也特地開設了專門網頁來提供相關資訊，歡迎大家多加利用。
除此之外，這裡也同時能夠看到關於製作的幕後祕辛與花絮，
以及一些有趣的企劃案。

出書計畫目前仍朝著一年的後半段部分持續進行中。
外套、多層次穿搭、長靴……
堪稱時尚終極精華的秋冬篇。
我想，出版時應該已經是夏末時節、空氣逐漸轉涼的時候了吧？
希望屆時還能與您相見！

官網：http://kk-closet.com/

http://kk-closet.com/

「K.K closet」是菊池小姐所經營的時尚網站。
網頁當中所採用的單品都是菊池京子依個人品味精心挑選，
一定能爲您帶來許多幫助！敬請各位務必蒞臨瀏覽。

staff list

Photos : Seishi Takamiya (still) K.S (model)
Art Direction&Design : Masashi Fujimura
Writing : Naoko Okazaki

作者：菊池京子 Kyoko Kikuchi

從實用的基本造型到走在時代尖端的時尚穿搭，
運用千變萬化的造型技巧挖掘出日常生活服裝的極限魅力，
是人氣極高的造型設計師。活躍於女性雜誌及各大廣告，
發表的服裝單品很快就陸續銷售一空。

譯者：陳怡君

淡江大學日文系畢業，專職譯者。
譯有《穿顏色》《30 天生薑力改變失調人生》
《結婚一年級生》等。
翻譯作品集請見部落格：http://ejean006.blogspot.tw

討論區 018

K.K closet
穿春夏

時尚總監菊池京子陪妳穿搭每一天
Spring —Summer
菊池京子◎著　陳怡君◎譯

出版者：大田出版有限公司
台北市 10445 中山北路二段 26 巷 2 號 2 樓
E-mail：titan3@ms22.hinet.net　http：//www.titan3.com.tw
編輯部專線：（02）25621383　傳眞：（02）25818761
【如果您對本書或本出版公司有任何意見，歡迎來電】
法律顧問：陳思成律師

總編輯：莊培園
副總編輯：蔡鳳儀　編輯：陳映璇
行銷企劃：高芸珮　行銷編輯：翁于庭
校對：陳怡君／黃薇霓　美術編輯：張蘊方
初版：2015 年（民 104）4 月 1 日　定價：280 元
四刷：2018 年（民 107）9 月 15 日

總經銷：知己圖書股份有限公司
台北公司：106 台北市大安區辛亥路一段 30 號 9 樓
TEL：02-23672044 / 23672047　FAX：02-23635741
台中公司：407 台中市西屯區工業 30 路 1 號 1 樓
TEL：04-23595819　FAX：04-23595493
E-mail：service@morningstar.com.tw
網路書店：http://www.morningstar.com.tw
讀者專線：04-23595819 # 230
郵政劃撥：15060393（知己圖書股份有限公司）
印刷：上好印刷股份有限公司

國際書碼：978-986-179-389-4　CIP：423.23/104001619

填寫回函雙層贈禮 ❤
①立即購書優惠券
②抽獎小禮物